微动作
心理学

MICRO-ACTION
PSYCHOLOGY

李 杨◎著

煤炭工业出版社

图书在版编目（CIP）数据

微动作心理学 / 李杨著 . -- 北京：煤炭工业出版社，2017（2024.1 重印）

ISBN 978 - 7 - 5020 - 6331 - 3

Ⅰ.①微… Ⅱ.①李… Ⅲ.①动作心理学—通俗读物 Ⅳ.①B84 - 069

中国版本图书馆 CIP 数据核字(2017)第 312472 号

微动作心理学

著　　者	李　杨
责任编辑	刘少辉
封面设计	胡椒书衣

出版发行　煤炭工业出版社（北京市朝阳区芍药居 35 号　100029）

电　　话　010 - 84657898（总编室）
　　　　　010 - 64018321（发行部）　010 - 84657880（读者服务部）

电子信箱　cciph612@126. com

网　　址　www. cciph. com. cn

印　　刷　三河市九洲财鑫印刷有限公司

经　　销　全国新华书店

开　　本　710mm×1000mm¹/₁₆　印张　14　字数　190 千字

版　　次　2018 年 1 月第 1 版　2024 年 1 月第 3 次印刷

社内编号　9211　　　　　　定价　49.80 元

前言
Preface

　　曾国藩曾说:"欲成天下之大事,须夺天下人之心。"社交职场、恋爱交友、为人处世,等等,都可说是我们人生中的大事,要掌控好人生中的这些事儿就必须学会读懂人心。

　　索菲亚在酒吧里见到一个风度翩翩的男子,她心生好感,于是就一直望着他。而那名男子在察觉到了索菲亚的目光后也转头看向她。两人的目光交错了一会儿后,索菲亚才移开视线。隔了一会儿,索菲亚又望向了那名男子,于是又重复了前面的动作。这样几次之后,那名男子了解了索菲亚的想法,便微笑着向她走来。

　　言谈举止皆心理,察言观色识人心。世间万物都有其隐形的规律可循,从一些细微的动作中看出一个人的内心世界,读懂了人心,在人与事之间,我们就可以有一个更好的协调方式,就可以将其应用到人际交往上,应用到生活的方方面面。

　　那么该如何读心识人呢?"画龙画虎难画骨,知人知面不知心。"人心是最难以捉摸的,人类总是喜欢遮掩自己,"言不由衷",比如,儿女孝顺父母,力所能及买了好看的衣服拿回家,结果做父母的必定先是一通"批评",乱花钱、不知道节俭等话语随口便说出来了,然而随后他们又高高兴兴地穿在身上,出门向邻居夸耀儿女的孝心。至亲之人尚且如此,何况是其他人呢!

　　不过心理学家弗洛依德说过:"任何人都无法保守他内心的秘密,即使他的嘴巴紧闭,但他的指尖却喋喋不休,甚至他的每一个毛孔都会背叛他！"虽然大多数人都戴着面具,但我们可以通过一些再微小不过的动作,来了解他人的内心想法。

《微动作心理学》一书,就是通过动作来了解心理的一本书,它不仅告诉我们一些下意识动作、习惯性动作所暗示的心理活动,还告诉我们当人紧张时、动摇时、内心消极时、出现心理戒备时身体会有哪些小动作,更告诉我们如何观察并利用一举一动来掌控他人的心理,达成自己所愿。

身随心动,微动作透视心理世界；察颜观貌,于细微之处看人识心；观姿阅行,通过一举一动了解他人心理。读懂人心,你要了解书中讲解的那些肢体语言,现在,我们就一起翻开本书查看人们举手投足间的所思所想吧。

目　录
Contents

| 第六章 | 判断自信与优越感，看这些肢体小动作

| 第七章 | 认可还是否定，看这些肢体小动作

| 第八章 | 坚定还是动摇，看这些肢体小动作

第一章

内心有想法，
身体就会有动作

肢体语言是润物无声的表达

美国心理学家阿尔伯特·梅拉宾曾提出"7%—38%—55% 定律"：当人们进行面对面沟通的时候，会使用到三个主要的沟通元素——用词、声调，还有肢体语言。所谓的 7%—38%—55% 定律，指的就是这三项元素在沟通中所担任的影响比重。用词占 7%，声调占 38%，肢体语言占比最高，是 55%。从这个定律中，我们至少可以明白这样一个道理：在面对面的沟通中，说话内容是最不重要的，身体语言在信息交流中的重要性可见一斑。

美国行为学家斯泰恩将非言语沟通中的显性行为称为身体语言，亦称体语。主要包括眼神、手势、语调、触摸、肢体动作和面部表情这类显性行为。肢体语言虽然无声，但具有鲜明而准确的含义，它与我们每一个人的生活息息相关。

譬如，星期天，忙碌了一上午的妻子吃完午饭后刚睡着，丈夫轻轻打开窗户准备让正在楼下玩耍的女儿回家做作业。为了不吵醒妻子，丈夫没有大声呼喊女儿，而是朝她招了招手。女儿看见爸爸的手势后，顿时明白了爸爸的意思，便迅速朝家走来。这时，丈夫抬手一看表，不到一点半，心想还可以让女儿再玩一会儿，于是，丈夫又向正朝家走来的女儿挥挥手。女儿看见爸爸的这个手势后，稍微一想，便又掉转头，兴高采烈地和伙伴们玩去了。整个过程丈夫没有说一个字，仅凭手的两个简单动作，便和女儿完成了两次沟通。

同理，大街上的交通警察指挥来来往往的汽车和行人，靠的也是这种无言的体语。而一些目的性很强的动作，则完全可以看作是一种行为的信号。譬如，书店里，某一个人踮着脚去拿书架上的一本书，我们知道，他想看看这本书。尽管他已把脚踮得很高，但还是够不着。这时，他旁边身材较高的营业员注意到了他的这个动作，于是，从架上拿了那本书递给了这位顾客。营业员是怎么知晓这位顾客心理的呢？因为顾客踮脚的动作表现了一种难以被人忽视的窘境："我需要帮助！"

不同于有声语言的蕴藉性和委婉性，我们身体所表达的话语是鲜明而准确的，尽管这一点我们经常意识不到。肢体语言一旦和有声语言相结合，能准确传达话语者内心思想和情感的往往不是有声语言而是体语。如一位年轻女孩告诉她的心理医生，她很爱她的男朋友，与此同时，却又下意识地摇着头，从而否定了她的话语表达。可见，要想真正了解交谈对象的话语意思，在认真倾听其述说的同时，还必须认真解读对方的体语。他的一颦一笑、举手投足，都在传达着他的真实想法。

"在没有得到任何证据的情况下是不能进行推理的，那样，只能是误入歧途。"这是文学经典形象福尔摩斯侦探的名言。福尔摩斯是柯南·道尔笔下的神探，他的神奇之处在于他可以凭借指甲、外套的袖子、脚上的靴子、膝盖处的褶皱、食指和拇指上的老茧，以及面部表情和种种行为判断人的内心活动。

"假如在得到所有这些信息的情况下，竟然还是无法对这些信息的主人做出准确的判断，我认为，这一定是天方夜谭。"福尔摩斯如是说。

为什么他有如此大的信心呢？因为他十分清楚人的身体语言密码所拥有的巨大力量。犯罪嫌疑人可以制造出种种口头上的谎言，却没有办法控制住自己的身体语言。不经意中他们就会把内心的秘密泄露在一个眼神，或者一个看似没有深意的手势里。与一般人相比，福尔摩斯的优势就在于他能够通过人的身体语言来分辨他是否在说谎，同时从这些不说谎的信号里知道对方的真实想法。

告别了福尔摩斯，我们再来看看卓别林。卓别林是无声电影时代最伟大的电影演员，他塑造了一个又一个的大银幕经典形象。只要提起他的名字，我们就会回忆起那个穿着破烂的燕尾服，迈着八字步的形象。

与今天音画俱全、推崇技术的电影相比，卓别林的电影受时代和技术的限制，没有声音也没有色彩。但是，这些并没有影响到卓别林对故事的讲述，我们还是能看到一个个结构精巧、感人至深的故事。那么，你不会感到惊奇吗？他是凭借什么在无声的世界里把这些故事完整地叙述出来的呢？

这些问题的答案，既简洁又内涵丰富，那就是身体语言。卓别林就是使用丰富的身体语言把人物的感情、想法、经历一一呈现在观众眼前的。观众没有感觉奇怪，也不会觉得唐突，而是被他的一举一动所吸引，所感动。演员的身体语言是无声电影的灵魂。

从福尔摩斯到卓别林，我们一再提及一个词——身体语言。而我们总是过分重视口头内容表达，而忽略了身体语言的能量之大。福尔摩斯与卓别林给了我们新的启示：在与人面对面交流沟通时，即使不说话，我们也可以凭借对方的身体语言来探索他内心的秘密，对方同样可以通过身体语言了解到我们的真实想法。所以，开始有意识地去探究身体语言的密码吧！那些曾经被你忽视的非语言信息才是读懂对方心思的最可靠的资源。

身体不会"口是心非"

人际沟通包括许多方面，言语沟通和非言语沟通是其中最主要的两方面。口头语言和书面语言是言语沟通的两种主要方式，非言语沟通则主要包括眼神、手势、语调、触摸、肢体动作和面部表情这类显性行为，以及通过空间、服饰等表露出来的非显性信息。

口头语言往往被人们认为是最直接的交流，在与他人沟通中发挥着重大的作用，其实，语言是出于人的刻意，是最不可靠的信息，有时甚至可以蛊惑人心。就像那么一类人，他们当面恭维你，背后则诋毁你，"两面三刀"的例子，不胜枚举。因为，人们能够通过逻辑思维任意修饰自己的语言，为了能达到自己的目的，难免会增加语言的虚假成分。同这类人交往时，如果你能更留意一些，就会发现这些人言不由衷的声音和其他表示排斥的动作。也就是说，他的声音和身体在告诉你完全相反的含义。在这种场景下，你该相信哪一个呢？

最佳的建议，就是相信他的身体。因为，人身体的动作是自发的，难以控制的。即使有人想通过长期的训练，控制自己的身体，这也是相当困难的。人的身体语言太过复杂，所包含的细节太多，即便你刻意控制了其中的一个细节，你隐藏的信息也会在另一些细节上表现出来。

言语经常会是谎言，和真实想法不一样。而一般来说，身体语言则不会出现"口是心非"的现象，也不会撒谎，它比经过理性加工的有声语言更能体现一个人内心真实的情感和欲望。身体首先会对我们的感觉和情绪做出反应和判断，然后才会做出具体的姿势。

总体来说，身体语言符合人们的内心活动。有声语言同身体语言的才盾主要产生于逻辑—数字化秩序与自身本能之间的对立，或是经过定型化训练与内心活动之间的对立。如果我们不能在对立之间做出抉择，就会在身体语言上出现矛盾状态。如当一个人问别人是否需要他准备啤酒时，却坐在椅子上一动不动，可能很少有人会相信他真的愿意去准备啤酒。因为他如果真的愿意的话，至少有一定的行动，比如，从椅子上站起来。再如，当一个人想逃避别人审视的目光，或是掩饰自己的尴尬状态时，他往往会避开对方的目光。然而逃避倾向的加剧，以及害怕暴露自己的逃避意图，又会使其的逃避动作受到一定的遏制。

由此可见，虽然我们能控制身体某些部位的动作，但不能同时控制身体所有部位的动作。因而一旦内心的真实想法和有声语言发生矛盾，我们的身体语言就会通过我们无法控制的一些部位将其展现出来。

所以，正如精神分析学派的鼻祖弗洛伊德所说，要想真正了解说话者的深层心理，即无意识领域，仅凭有声语言是不够的。因为有声语言往往把话语表达者所要表达的意思的绝大部分隐藏了起来，要想真正了解话语表达者所述话语的意思，必须把有声语言同体语相结合。

20 世纪 50 年代,加利福尼亚大学洛杉矶分校的心理学教授阿尔伯特•梅拉宾在《沉默的语言》一书中指出：人的感情和态度能用声音表达的只有不到 40%，而无声的肢体动作表达的能达到 50%。可见，身体语言对于人们表达自己的感情起着主导的作用。尽管大多数研究人员都认为，日常生活中应当注意身体语言的沟通，但人们对此并不在意。

还有一个特别有趣的现象可以说明身体语言的巨大作用，那就是传奇的占卜术。对普通人来说，可能没有办法理解一个占卜者是如何知道你那么多的事情的。所以，他会认为这是一种灵幻的本事。但根据美国学者的研究，这些占卜者实际上是使用一种被称作读心术的方法来读懂对方的想法的。

从某种角度上讲，那些占卜者，尤其是具有丰富实践经验的占卜者，都是善于识别身体语言的"大师"。可能不少曾经拜访过所谓神算子的人在离开后，会这样想："太不可思议了，我什么都没说，他居然连我家有几口人，我现在的情绪状态，以及我曾经有过哪些失败的经历都能说得分毫不差，真是个'活神仙'啊！"

真的是这样吗？非也，虽然你没有开口告诉占卜者自己的情况，但你的身体语言已经悄悄地把自己的相关信息传递给了他。比如，占卜者看到你的嘴角后拉，面颊向上抬，眉毛平舒，眼睛变小，就可以判定你现在处于一种愉快的情绪状态之中；看到你嘴角下垂，面颊往下拉变得细长，眉毛深锁呈倒八字，就可以判定你现在处于一种不愉快的情绪状态之中。在为你具体算命的过程中，占卜者若是看见你的眉毛在上下迅速移动，他就知道你很赞同他所说的内容，于是他会沿此思路大吹特吹；如果看见你单眉上扬，他知道你在怀疑他说的内容了；如果看见你皱起了眉头，他知道你不赞同他所说的，于是会马上按相反的方向为你"算命"。

一份关于占卜术的研究表明，很多经验丰富的占卜者都喜欢使用一种名为冷观解读的技巧来为自己的客户算命，其准确率竟然高达70%左右。难道冷观解读技巧真的能知晓一个人的前世今生、福祸安危吗？研究人员进一步研究发现，事实并非如此，所谓的冷观解读技巧其实就是占卜者在对"客户"身体语言进行仔细观察、揣摩之后，再加以对人性的理解并运用一定的概率知识而做出的一个大概推断。

记住，身体语言是绝对坦诚的，能将每个人真实的情绪暴露在他人面前，甚至用谎言也无法掩盖。身体语言对于人们的沟通有着不可忽视的意义。所以，如果你能充分识别和掌握身体语言，你也可以当一个占卜师，你也可以掌握这一读懂对方心思的读心术。

心有所想，身有所动

咬嘴唇、摸鼻子、揉眼睛、摩擦前额、摸脖子、倾斜身体、抱手臂……这些动作都是我们经常做的。你可以花一点儿时间观察一下周围的人，你会发现他们也经常做这些动作。你可曾想过他们为什么做这些动作？又可曾想过自己为什么会做这些动作？这些问题的答案就藏在我们的大脑里。

当你思考时，大脑会发生电气化学反应。为了让你产生一个想法，很多脑细胞必须根据相应的模式互相传递信息。如果你的脑中存在既有模式，那么脑细胞就会按照这个模式产生与过往相似的想法。如果你的脑中没有既有模式，你的大脑就会创建一个崭新的模式或者神经细胞网络，让你产生一个崭新的想法。脑中的模式不仅会让你产生想法，同样会影响你的肉体，改变你体内荷尔蒙（如内啡肽）的分泌，引起自主神经系统的变化，例如，呼吸急促、瞳孔大小的变化、血压升高、出汗、脸红，等等。

头脑中的每一个想法都以这样或那样的方式影响你的身体，有时候这种影响非常显著。例如，当你感到恐惧时，你的嘴唇会发干，涌到大腿的血液会增加，以便帮助你随时逃跑。有时候，身体所起的变化很细微，难以被察觉，但是它们的确存在。例如，当你撒谎时，你可以尽量让自己保持"脸不红心不跳"的状态，但是你还是会不敢直视对方的眼睛，这样看似不经意的回避，也是你无法避免的，它是由头脑中的想法控制的。

那头脑中的想法是如何引发一连串的生理反应的呢？这与我们大脑的边缘系统大有关系。很多人都知道自己拥有一个大脑，也知道这个大脑是他们认知能力的基地。事实上，人的头颅中有三个"大脑"，每个大脑都有着不同的职责。它们合并起来就形成了"命令加控制中枢"，后者驾驭着我们身体的一切。1952 年，一个名叫保罗・麦克林的科学先驱提出，人类大脑是由"爬虫类脑"（脑干）、"哺乳动物类脑"（边缘系统）和"人类大脑"（新皮质）组成的三位一体。

大脑边缘系统对我们周围世界的反应是条件式的，是不加考虑的。它对来自环境中的信息所做出的反应也是最真实的。边缘系统是唯一一个负责我们生存的大脑部位，它从不休息，一直处于"运行"状态。另外，边缘系统也是我们的情感中心。各种信号从这里出发，前往大脑的其他部位，而这些部位各自管理着我们的行为，有的与情感有关，有的则与我们的生死有关。

这些边缘的生存反应是我们神经系统中的硬件，很难伪装或剔除——就像我们听到很大的噪声时试图压抑那种吃惊的反应一样。所以，边缘行为是诚实可信的行为，这已经成为公理，这些行为是人类的思想、感觉和意图的真实反映。

1999 年 12 月，美国海关截获了一名被称作"千年轰炸者"的恐怖主义分子。入境检查时，海关人员发现这名叫阿默德的人神色紧张且汗流不止，于是勒令他下车接受进一步询问。那一刻，阿默德试图逃跑，但是很快就被抓住了。海关人员从他的车里搜出了炸药和定时装置，阿默德最终供认了他要炸毁洛杉矶机场的阴谋。

神色紧张和流汗正是大脑对巨大压力固有的反应方式，由于这种边缘行为是最真实的，海关人员才能毫无顾虑地逮捕阿默德。这件事情说明，一个人的心理状态会反映在身体语言上。

一般来说，当边缘系统感到舒适时，这种精神或心理上的幸福就会反映在非语言行为上，具体表现为满足和高度自信。然而，当边缘系统感到不适时，相应的身体语言就会表现出压力或极度不自信。这些身体语言将帮助你了解社交对象和工作对象的所思所想。

所以，人不可能在思考的同时不发生任何生理反应，人的大脑边缘系统会将我们的想法以身体语言的形式"泄露"给其他人。这意味着，只要观察一个人发生了哪些生理反应，就能知道那个人的感觉、情感和想法是什么。

肌肉的反应比思维的反应更快

有一部电影叫作《致命魔术》，讲述了一对夫妇的故事。影片中，当丈夫对妻子说出"我爱你"时，有的时候说的是真话，有的时候却是在说谎，而他的妻子总是能够通过直视丈夫的眼神看穿丈夫说的是真是假。

从小就有人告诉我们，当你想知道对方心里想的是什么的时候，你就盯着对方的眼睛看，你就能得到答案。真的是这样吗？其实，与其看着对方的眼睛，不如看看他整个脸部。人的脸上有 40 多块肌肉，它们当中的大部分我们都无法有意识地掌控，这就是说，你的面部表情会无意识地流露出许多信息，但是，许多人却无法对这些流露出的信息进行正确的分析。

我们每个人都有察觉他人情感的能力，能分辨出别人是高兴还是生气，但是，我们又常常忽视了一些信息，以至于当别人开始把心中的愤怒直接表现出来时，我们才明白他原来是多么地怒火中烧。并且，有些时候我们会混淆一些面部表情，比如，把害怕的表情当成惊讶，把入神的表情当成悲伤。

有时候我们会同时产生两种情感，那么在这两种情感的转化过程中，就会有一个承接两种情感的阶段，比如，我们先是惊讶，然后又开始高兴，那么某个时刻就会呈现出又惊又喜的表情。当我们经历一种混杂的感情的时候，比如，坐过山车，我们会既兴奋又害怕，我们会在无意识中表现出我们想要隐藏的感情。与此同时，我们会有意识地假装出我们想要伪装的感情。

事实上，观察一个人无意识的表情，不仅能够知道他此时此刻的情感，还能够知道他即将产生的情感，这是因为，肌肉的反应比思维的反应更快，利用这一点，你可以在对方尚未感觉到他的感情之前先他一步做出应对措施，比如，当你发现一个人即将发怒的时候，你可以提前帮助他控制愤怒情绪的爆发，这比起他发怒后你手足无措要好得多。

综上所述，在与人交往的过程中要识破对方的心理，无意识的表情是我们可以参考的一项重要指标。当然，在你通过他人的面部表情识破了他的内心的时候，你最好是据此来决定下一步以什么样的方式来和他沟通，而不是直接面对它，因为你看穿的很可能是他的个人隐私哦！

事物触动情感，情感引发动作

正是我们的情感把我们同外在的事物联系在一起，情感在我们的生活中占有着重要的位置。触发情感的因素也是多种多样的，下面就来看看一些比较普遍的形式。

第一，前面有一只恶狼！

突然从周围环境中探测到一个正确的信号是触发感情的最常见方式，我们没有充足的时间来思考目前的情感反应是否合适，也许我们是错的，也许所谓的恶狼只不过是一块石头，但也会让我们使出全身的力气来抛出最锋利的武器。

第二，这到底是为什么？

思考正在发生的任何事情也能够触发我们的情感。当我们试图弄明白一件事的时候，情感就会被启动。思考的时候我们通常不容易犯错，但是，思考花费的时间却相对较长。

第三，想想你和她接吻时候的情景！

回忆具有强烈情感的事件也是触发感情的方式之一，我们既可以回忆过去的感情，也可以对过去的感情产生新的感情。比如，以前发生的某一件在当时让你异常愤怒，现在回想起来你可能惊讶于当时的你为什么如此愤怒。

第四，如果我能飞到月球上，那该多好啊！

当我们开始发挥想象力的时候，这能唤醒我们内心的情感，比如，你可以幻想登上了月球，在月球上体会失重的快感，怎么样？不如试一下吧！

第五，别再提这件事了，我会再一次感到不安。

　　谈论过去的情感经历会把那些情感带回给你,即使你并不想要它们。有些时候,只要你和别人谈谈上一次让你发怒的事,就足以让你再一次发怒。

　　第六,哈哈!

　　我们可以通过共情触发情感,也就是说,当我们看到别人正在经历某种情感时,那种情感也会传染给我们,使我们有相同的感受。你更喜欢和阿甘式的"傻瓜"在一起还是更喜欢和那些整天苦着脸的家伙在一起呢?

　　第七,嘿,调皮鬼!离电源远一些,别碰它。

　　童年的时候,通过父母和其他大人的提醒,我们害怕的事物,或者我们喜欢的事物,会在我们长大以后使我们产生同样的反应。小孩子看到大人在不同的情况下做出不同的反应后,还会通过模仿产生同样的情感。

　　第八,那个人,说你呢!你怎么插队呀!

　　违反社会规则的人会让我们产生强烈的情感。当然,不同文化中的社会规则也不尽相同,但相同的是,违反社会规则会引起厌恶、鄙视、愤怒等各种反应。至于会引起哪一种反应,就要看社会规则是什么,以及是谁在践踏规则了。

　　第九,咬住你的下嘴唇!

　　我们知道了情感会引起身体做出相应的表达,其实我们也可以反过来通过有意识的身体动作、肌肉反应来引发相应的情感。当你努力变得生气的时候,不妨紧咬你的下嘴唇,看看愤怒的感情是不是已经在心中酝酿了!

身体动作也会影响内心情感

我们的身体语言不仅会反映出我们的思想，也会影响我们的精神活动。因为思想并不只是发生在大脑中，思想也发生在整个身体之内。就拿情感这一精神活动来举例，如果你激活了与某种情感相联系的肌肉，你也会激活并经历相应的情感，甚至是相应的精神活动，而这些又会反过来再次影响你的身体。正如演员演一个愤怒的人的时候，他会强迫自己皱起眉头、怒视前方、咬紧嘴唇等。通过做这些当人感觉愤怒时脸部肌肉会自然而然做的动作，演员激活了自己的自主神经系统，从而产生了愤怒的情绪，让自己融入角色。而这些情绪又会再影响他的身体，这也就是为什么有些演员演完戏以后还不能从角色中出来的原因，他们被角色的情绪影响太深了，以至于不能控制自己的身体语言。

所以，身体和思想的影响是双向的，正在进行的思考会影响身体，而身体的任何变化也会影响思考。精神和生理是一枚硬币的两面，是相互依存、相互影响的。通过观察他人的身体反应，我们可以了解和掌握他人的心理活动，成为一个出色的读心者；而通过激活对方与某种情感相联系的肌肉，我们可以调动起对方强烈的情感体验，控制对方的喜怒哀乐。

当你的朋友和爱人陷入忧伤、抑郁、悲痛的消极情绪中时，你不妨使用自己的身体语言来帮助他们赶走低落的情绪。例如，在一个因丢失钱包而心烦的人面前，你千万别跟着他一起愁眉苦脸，不如给他一个温暖的微笑，并说一些安慰的话语。当对方看到你诚挚的眼神和温暖的微笑时，会不自觉地把撇下的嘴角收起来，甚至学着你的样子将嘴角轻轻上扬，这个时候，　　股暖流通过你的身体语言传递到他的身上，再传递到他的心里，丢钱包的低落感能消散很多呢。再比如，你的同事因为工作进展不顺利而情绪低落，你的劝慰不管用，不如学习那些励志人士最喜欢使用的姿势——举起小臂，握紧拳头，这个动作会将你的鼓励和信心传递到你的同事身上，他给你回应同样的动作时，必然会感受到这个身体动作所带来的信心和勇气，从而拥有更多的正面能量，将失落情绪渐渐驱除。所以说，你的身体语言是具有治疗效果的，你可以运用它来帮助他人转变消极情绪，带领对方进入你想要的积极阳光的心理状态。

你的身体语言会影响他人的身体语言，从而影响对方的情绪，所以，在与别人交流时，你一定要注意自己的身体语言，不要给别人的情绪带来不良影响，致使交流受阻。例如，当别人在发表意见时，你不要把头扭到一边或者嘴向下撇，这些动作都能显露出你想打断谈话的意图，是对别人的不尊敬，从而对良好的交谈投出致命的一击。同样的，如果别人发现你在与他交谈的过程中扮鬼脸、皱眉头或摇头不信，他很可能也会跟着皱起眉头，或停止交谈，或改变话题，这对对方也是一种伤害，对其情绪有着极大的不良影响。

记住，你可以通过综合使用动作、表情等身体语言不断地影响对方的身体语言，在其脑海中留下你的情感的烙印，加强对方的情感体验，随后就能准确而快速地点燃你想要的情感状态了。但是，千万不要错误使用你的身体语言，对别人的情感造成不良的影响。另外，身体语言的使用也要有度，不是任何消极情绪都是你能用身体语言去影响和改变的。例如，沉浸在悲痛中的人需要一段时间才能恢复。悲痛是一种让人们保存能量、对引起悲痛情绪的事件进行心理消化的状态。如果你对正在经历着悲痛的人做出一些积极快乐的身体语言时，那么他需要自我消化从而继续前进的这个心理状态就会被你打乱甚至封锁起来，这对他的情绪恢复是不利的。因此，在这种情况下，你最好让对方沉浸在悲痛但必要的心理状态中一段时间，让他自己进行心理消化，逐渐走出阴霾，重获阳光。

　　总而言之，身体语言和情感之间联系非常紧密，在与人交流的过程中，你一定要谨慎使用自己的身体语言，让自己正确适当的身体语言引发对方的适当情感。

第二章

下意识动作透露出的心理

将腿伸向你，是在向你示好

我们在阅读身体语言时，很容易忽略脚尖的指向。似乎脚在地上的摆放位置只是一种天然的习惯，没有更多的深意，所以脚尖朝向也就不值得探讨。实际上，当人类的上身在自身潜意识的作用下发生偏移的时候，他们的下肢也会随着移动。

我们对身体语言的研究通常会重点关注上肢动作，例如，手势等。但其实，下肢动作更能反映人的内心，下肢动作也很难撒谎。大部分人在注意了自己的上肢动作后都很难顾及下肢的动作，于是内心最真实的想法就很容易通过下肢动作流露出来，比如，他的脚尖就会不由自主地朝向他关注的事物。举个例子来说，几个朋友结伴一起到餐馆吃饭，他们围坐在一张桌子旁边。从桌子上方看，他们互相之间都有着融洽和谐的关系。而从桌子下方看，则有了不同的场景：另外的几个人的脚尖都朝向了其中的一个人。由此可以看出，这个人才是这群人中间的主角，他才是大家的兴趣所在。

因此，如果你在和人交谈的时候，发现他们的脚尖正对着你，这基本可以断定，他们对你和你所说的都非常感兴趣。如果兴趣加深，他们会将一条腿自然伸向你。腿伸向你是脚尖朝向的强化动作，后者只是微微表露了心意，而将腿伸向你则是向你明确地示好。当你与对方谈话时，无论他们是对谈话内容还是对你感兴趣，都会把脚伸向你，脚尖指向你。反之，如果他们感觉兴味索然，他们就会缩回自己的脚，脚尖指向别处。如果你们是坐着谈话，这样的行为更加明显。当他们不想发表谈话，也懒得附和你的意见时，他们就会把脚收回，有时候甚至会交扣着脚踝并放到椅子下面，呈现出一副封闭式的姿势。

此外，如果你细心观察会发现，人在行走时，脚尖的朝向会有所不同，也就是我们常说的"外八字"和"内八字"。排除生理缺陷等原因，这些行走中的脚尖朝向也在一定程度上反映了他们的性格。

如果一个人习惯用"外八字"的姿势走路，也就是脚尖往外偏的幅度很大，表明他会被一些无关紧要的小事所吸引。他有很强的猎奇心理，为了得到更多的信息，他甚至愿意绕道而行。这样的人比较容易敞开心扉，容易接纳新的事物。所以如果你和他交谈，他比较容易对你产生兴趣。

"内八字"使得脚尖朝向里，给人一种可以随时刹车的感觉。如果一个人习惯用"内八字"的姿势走路，表明这人经常犹豫不决，做事小心翼翼。如果他的上身姿势也经常是封闭性的，那么他的内向、拘谨的性格特征就更加明显了。他永远是副憨实厚道的样子，但这样的人在厚道的外表下，并不显得沉静。他平常留意生活中的细节，事事喜欢按部就班地进行，如果有突发事件就会大乱阵脚，而显得手足无措。如果你让他成为众人瞩目的焦点，他甚至会浑身不自在，因为他只追求平淡的生活。你和他交谈，他也很难真正对你产生兴趣。

尽管人类用鞋子遮住了双脚，但是它们仍然是有活力的身体部位。当人类的情绪发生变化的时候，双脚能第一时间做出反应。

下意识捂嘴摸鼻，心中常有不安与焦虑

频繁地用手触摸自己的鼻头或者手指不时地轻触嘴唇，是最常见的说谎动作。如果他在说话时用手捂住嘴巴，那大多数时候是表示连他自己都不相信自己说的是实话。这些手部动作起着遮掩的作用，是说谎者在潜意识里企图隐藏真相。

美国前总统尼克松被迫下台之前，议会对"水门事件"展开了调查，当时他正在国会接受审问。在审问期间，人们惊奇地发现，他经常会做出一种非常明显的惯性动作——不断地用手触摸自己的脸颊及下巴。

在谈话过程中，时而双手掩面或摸脸，就好像在说"我不想听你说这些，我不想再谈论这个话题了"，正是因为心中藏有不为人知的隐情，感到非常焦虑，从而不停地用手接触脸部。用手捂嘴和触摸鼻子是两种典型的说谎标志。

1. 用手捂嘴

这是一种明显未成熟、略带孩子气的动作，很多小孩尤其喜欢使用此种姿势，当然，一些成年人偶尔也会使用此种姿势。一般来说，使用此种姿势的人会在自己说完谎话后，迅速用手捂住嘴，同时用拇指顶住下巴，让大脑命令嘴不要再说谎话。有些时候，某些人在做这一姿势时，仅会用几根手指捂住嘴，或是将手握成拳头状，放在嘴上，但其蕴含的基本意义是不变的。还有一些人则会借咳嗽来掩饰其捂嘴的动作，以分散别人对自己的注意力。

2. 触摸鼻子

触摸鼻子是用手捂嘴这一姿势的"变异"，相比于用手捂嘴，它更具隐匿性。有些时候，它可能是在鼻子上面轻轻地抚摸几下，也可能是快速地、几乎不被察觉地触摸鼻子一下。一般来说，女性在完成这一姿势时，其动作幅度要比男性轻柔、谨慎得多，这可能是为了避免弄花她们的妆容吧。关于触摸鼻子的原因，有这样两种较为流行的说法。其一，当负面或不好的思想进入人的大脑后，大脑就会下意识地指示手赶紧去遮住嘴，但是，在最后一刻，又怕这一动作过于明显，因此手迅速离开脸部，去轻轻触摸一下鼻子。其二，当一个人说谎的时候，其身体会释放出一种叫作"儿茶酚胺"的化学物质，这种物质会使说谎者鼻子的内部组织发生膨胀。与此同时，一个人撒谎的时候，其心理压力会陡然增大，血压也会迅速升高，这样鼻子就会随着血压的上升而增大，这就是所谓的"皮诺曹的大鼻子效应"。血压的上升使得鼻子开始膨胀，鼻子的神经末梢就会感到轻微的刺痛。不由自主地，说谎者就会用手快速地触摸鼻子，为鼻子"止痒"。此外，当一个人感到紧张、焦虑，或是生气的时候，这种情况也会发生。

看到这里，可能有读者朋友会问，现实生活中的确存在鼻子真正发痒的情况啊，那该如何去区别两者呢？很简单，当一个人鼻子真正发痒时，他通常会用手揉鼻子或是用手挠来止痒，这和说谎时用手轻轻、快速地触摸一下鼻子是不同的。同用手捂嘴的姿势一样，说话的人可以用触摸鼻子来掩饰他的谎言，听话者也可以用触摸鼻子来表示对说话者的怀疑。

需要注意的是，不时地用手接触口鼻虽然是一个人说谎时最可能用到的姿势，但这绝不意味着只要一个人做出了这些动作，我们就可以立即断定他一定在撒谎。比如，某人说话时，之所以会捂住自己的嘴，是因为他有口臭，如果我们据此就认为他在撒谎，肯定会造成误解。再如，当一个人陷入沉思而做出以上的动作，通常只是表示他完全沉浸在自己的思考当中。

咀嚼和吞咽动作所传达的信息

心理学家弗洛伊德认为，婴儿在 0 ～ 2 岁的时候，处于口唇期，在这个时期，口唇是获取快乐的主要来源，通过口唇的吸吮、咀嚼和吞咽，婴儿的大多数需求能够满足，从而建立信任和乐观的人格特征。其实，即使到了成年之后，人们还是会通过咀嚼和吞咽来寻求安慰。我们来看看下面几个咀嚼和吞咽动作传达出的信息。

1. 磨牙

身体语言专家发现，当人在遇到为难的问题时，可能会出现磨牙的动作。具体而言，就是把嘴张开，用上下牙齿相互摩擦。在做磨牙这个动作时，人的心理会下意识地认为，自己在撕咬猎物，自己是处于强势地位的捕食者，从而缓解心中的紧张情绪。

与磨牙动作类似的是，当一个正嚼着口香糖的人突然加大了咀嚼的力度，可能是他受到了意外的刺激，通过加大咀嚼力度的方式来获取自我安慰。

2. 咬牙

我们常常会看到电视剧中为了表现男主角俊朗的脸庞，会给他一个脸部的特写镜头，此时男主角通常是脸部两侧的咀嚼肌收缩绷紧、轮廓清晰。这个咬牙的动作也是人面临危险和受到压力时常常做出的经典动作。

3. 吃东西

我们的大脑对吃东西这个动作有着非同一般的好感，这是因为，有东西吃意味着自己不会挨饿，可以生存。可见，吃东西是一件十分幸福的事情。这就是为什么我们在心情不好的时候，大吃一顿能够改善心情。

在电影版和电视剧版《杜拉拉升职记》中，除去那场浪漫的恋情和眼花缭乱的时装，给人留下深刻印象的一定还有杜拉拉的吃相。无论是徐静蕾版杜拉拉吃巧克力的样子还是王珞丹版杜拉拉吃寿司的样子，都有那么点有损淑女形象。当杜拉拉感觉疲惫、郁闷、哀伤或是压力大的时候，她总是狼吞虎咽大吃特吃，吃得满嘴黑乎乎的，吃得很爽很惬意，还自我解嘲，缓解压力的方法一是购物，一是吃，自己没有钱，只能选择吃了。无独有偶，电影《瘦身男女》讲述的也是通过吃东西来慰藉内心的故事。

4. 咬指甲等吮吸动作

咬指甲这一动作多见于年纪比较小的孩子身上，这时候的这种动作多是无意识的，而随着年龄的增长，这种动作就具有了一定的含义。一个成年人做出咬指甲的动作说明他正承受着巨大的压力或者感到很不安。

在一个人的潜意识里，吮吸妈妈的乳汁时是最有安全感的。所以当一个人下意识地去咬指甲时，他很有可能是希望获得自己婴幼儿时期吮吸妈妈乳汁的安全感。很多孩子在成年之前习惯用手指或衣领来代替妈妈的乳头，而成年之后，他们把替代品换成了口香糖、香烟等。恐慌或者不安的状态最容易激发这种吮吸的动作。因此，很多人习惯用咬指甲来缓解自己的不安情绪。

欲盖弥彰时手脚动作会下意识地增加

心理学家指出，手势在很多时候是一种无意识的动作，能较为真实地反映说话人的心理状态。由于人们经常使用手势，而且手部的动作比腿部的动作更容易观察到，因而手势是识别谎言的绝佳突破口。不过，只要我们仔细观察，就会发现手和脚的动作都传递着信息。

汽车销售员小陈最近业绩明显下滑，经理问他："你这个月怎么回事，业绩还赶不上上个月的一半？"

原来小陈最近迷上了网游，每天玩游戏到凌晨两三点，早上起不来，工作也提不起精神。被经理这么一问，他不由得僵住了身子，把双手贴在大腿两侧，低着头小声说："最近我父亲身体不好，需要人照顾。"

像小陈这样，手脚贴近身体，身体缺乏动感，是明显的没说实话。为了更好地识别人们的这种状态，我们先来回想一下正常情况下的动作和姿势。当一个人充满自信、自由自在的时候，手和脚会自然地向外延伸。当他对自己所说的话深信不疑、感到兴奋时，会不自觉地运用各种手势来强调自己的观点，例如，用手指指着别人或指向空中，表达坚定的观点。

反过来，当人们没说实话时，由于集中精力在编造谎言上，身体语言会缺乏动感，明显的特征就是手和脚的动作会增加。如果是坐着，他可能会把双手放在大腿上，双腿交叠在一起；如果是站着，他可能会把手完全插在口袋里，或者双手紧握，手指蜷向掌心，这是出于防卫心态。说谎者缺乏安全感，因此会做出这些手脚蜷缩、双手贴近身体的姿势。其他典型的动作还有把手指放在嘴里、抓挠脖子以及拉拽衣领。

1. 把手指放进嘴里

一般来说，一个人做出这个动作往往是下意识的，因为他可能正面临着巨大的压力。他之所以会做出这个动作，最主要的目的是想重新获得自己婴幼儿时期吮吸妈妈乳汁的安全感。而说谎时担心被识破的不安甚至恐惧，激发了这种吸吮动作，因此很多说谎者会把手指放在嘴里，甚至开始咬指甲。

2. 抓挠脖子

一些人在撒谎时会用食指来抓挠耳垂以下的脖子部位。如果仔细观察，你就会发现撒谎者通常会挠 5 次左右，很少会出现少于 4 次或多于 8 次的情况。一般来说，抓挠脖子这一姿势代表不安、疑惑，或是"我也不确定我会同意""应该不会那样吧"等意思。比如，一个人说，"我比较同意你的看法"，与此同时，他又用手挠着自己的脖子，这就表明他心里其实并不是真正同意你的看法。

3. 拉拽衣领

身体语言学家通过实验发现了这样一个有趣的现象：当一个人撒谎时，会导致面部和颈部的一些敏感组织产生轻微的刺痛感，为了缓解或消除这种刺痛感，撒谎者往往会用手去挠或搓那些产生刺痛的部位。这就不仅说明了为什么人们在感到不确定的时候会用手挠脖子，也很好地解释了为什么一个人在说谎并怀疑自己的谎言已经露馅时，会不由自主地拉拽自己的衣领。

4. 不接触对方的身体

身体接触通常发生在亲密的人之间，是亲近的表现。人们说谎时，会暂时停止接触对方的身体，以此来降低心中的罪恶感。

类似的肢体语言还有很多，在此不一一列举。下一次，当你看到别人在听到你的提问后，手脚弓成像胎儿的姿势，手脚的姿势都很僵硬，除非他是真的感到身体不舒服，否则就一定有所隐瞒。

咽口水清嗓子，不是紧张就是撒谎

一个人在受到刺激或撒谎时，喉咙会有干痒和异样的感觉，而下意识地吞咽唾沫会缓解这种异样感觉。但除此之外，如果他还伴有其他动作我们就需要仔细斟酌了，而不能就此判断此人一定在撒谎。

肢体语言是传达内心无意识信息的重要表现，它比言语信息更真实。对此 FBI 特工再熟悉不过，所以他们在询问犯罪嫌疑人时，总会仔细观察其肢体动作。

"杰森鲍尔在哪儿？""上午十点，你们在十五街区做什么？"FBI 追查一名杀人犯，霍华德作为第一嫌犯，正在接受询问。

面对一连串的问题，霍华德显得有些紧张，只见他喉结动了一下，咽了咽唾沫，清了清喉咙后小声地回答了特工的问题。

"他在撒谎，下意识地吞咽唾沫就是证明。"

"不，我不这么认为，他可能是因为没见过这样的场面而紧张。"

向霍华德问完话后，FBI 特工们开始发表自己的意见。资深的老探员杰克认为霍华德并没有撒谎，他可能是因为紧张才做出了一系列的下意识动作。而后来的调查结果也表明，霍华德的确不是罪犯。

上面案例中的犯罪嫌疑人吞咽唾液时还清了清喉咙，但事实证明他不是罪犯，这说明人在紧张的情况下通常也会做出这些动作。

张林第一次参加演讲比赛，面对黑压压的观众，他的额头开始渗出汗珠。他清清喉咙准备开讲，却发现喉头像生锈了一般干涩。这让他的演讲很不顺利，他在演讲过程中不得不经常清嗓子，很多观众对此很不满意，张林看到观众们厌烦的表情就更加紧张了。

我们很多人都有过跟张林一样的经历，当我们突然需要当着很多人讲话，或者开会时毫无准备却被领导点名发言时，都会忍不住先清清喉咙或者咽咽口水。这样做有生理上的原因：由于不安或焦虑的情绪，喉头产生黏液，促使你先清清喉咙，使声音恢复正常。但更多的情况下，清喉咙已经不再是生理上的需要，而是为了安抚自己紧张的内心。比如，被领导突然点名发言的人，下意识地用清喉咙来为自己赢得更多的思考时间，以便整理出一套说辞。通常情况下，说话不断清喉咙、变声调的人，如果不是疾病导致，就是因为他们心中不安或焦虑，正在寻求信心。

内心紧张时有很多种表现，除了清喉咙，还有嘴巴颤抖、面红耳赤、说话结巴破音、咬食指、用指尖拨弄嘴唇、把双腿交叉或者紧紧并在一起等，前面我们讲到的双臂交叉也可以表示紧张，只是这样的动作比较明显，被人们有意识地给回避了。

我们通常会认为紧张感来自陌生感。比如，你从未参加过某类活动，当你参加时就会感觉不适。而事实上，那些所谓的见惯了大场面的名人们也都有紧张的时候，只是他们表现紧张的方式比较隐晦，你轻易感觉不到罢了。比如，影视明星的一言一行都暴露在公众的面前，他们都希望能把自己最好的一面展现给公众，而把内心的紧张情绪，或是不自信的心理隐藏起来。普通人紧张时，可能会用清嗓子、抱臂等方式来安抚自己，但名人们是不会摆出这些显眼的表明紧张的姿势的。他们为了不让他人感觉到自己的紧张情绪，会利用一些微小的动作来掩饰或缓解。比如，抚摸一下自己的领带，调整一下袖口，或者用大拇指摸索一下食指等。这样的姿势实际上也能够让自己紧张的内心得到一丝安全感。

另外，当一个人感到紧张、焦虑不安时，他也会不断地做出调整表带、翻查钱包、双手紧握、摆弄衣袖等动作。手机成为日常必备品以后，我们也经常可以见到在公众场合摆弄手机的人。比如，在地铁里，大家经常会沉默地去摆弄手机，以掩饰自己的某种不适。

十指交叉，无形的控制力

在各种形式的身体语言中，最不受重视，却是最有力的非语言信号是人的手掌，尤其是十指交叉的双手。如果能将十指交叉这一姿势使用得正确和得体，就会使使用这一姿势的人显得非常自信和有权威，并且还能对别人产生一种无形的控制力。

一般来说，当一个人坐于桌前时，十指交叉置于下巴的前方，两胳膊肘抵放在桌面上，头微微扬起，双眼平视前方，胸部稍微前挺，双肩自然下垂并由此给人一种脖子上升的感觉，这就是一个典型的自信姿势，并能给人一种威严感。

人们在谈话或聊天时，常常会有意无意地将自己的十指交叉在一起。最常见的姿势是把十指交叉的双手平放在胸前，面带微笑地看着对方。也有的将十指交叉的双手放在桌面上，或是放在自己的膝盖上，这种动作，常见于发言者。发言者做出这个动作，表明其发言正处于侃侃而谈的时候。一般来说，发言者做出这个动作是其充满自信的表现，但有些时候并非如此。比如，某个员工在众人面前陈述自己的观点和意见时，随着发言的进行，人们发现他的十指不由自主地紧紧交叉在一起，由于太过用力，其十指也变得苍白无色。他的这一手势表明，他此时不是自信而是非常紧张。心理学家认为，十指交叉在某些条件下也是一种表示紧张、沮丧心情的手势，表明使用这个手势的人在极力掩饰其窘态或失败的情绪。

一般来说，十指交叉这一手势最得女性青睐。十指交叉的方式不同，其所代表的意义也是大相径庭的。如果一个女性喜欢用双肘支撑着交叉的双手，或是喜欢把下巴放在交叉的双手上面，说明其是一个非常自信的人。

如果一个女性在站立时喜欢将十指交叉的双手置于胸前，则表明其具有很强的戒备心理，她可能在感情上或是生活上受到过较大的伤害，她做出这个手势，表明她在尽力保护自己，以免再一次受到伤害。如果一个女性将自己的头置于十指交叉的手上，则说明其可能在后悔或反思自己的某一决策或行为，当然她也可能是在思考某一问题。

一个人十指交叉的双手位置的高低与其情绪状态有关。一般来说，当一个人把十指交叉的双手置于胸前或是腹部时，说明其情绪状态较为积极、高亢，对自己充满了信心，同时也会让其显得高深莫测，偶尔还会有几丝神秘色彩。当一个人把十指交叉的双手置于腹部以下时，则说明其情绪状态较为低落、消沉，同时也会让其显得坦诚无欺。

总体来说，十指交叉的意义多跟当时的情况有关，要想判断出做此动作的人具体的情绪状态，就要配合其他的非语言信息。

第三章

習慣性動作透露出的心理

朝上盯着别人的人，心中往往压抑着怒火

有一种人总习惯眼珠子朝上紧紧地盯着人看，如果你遇到这样的人，通常会被他们的眼神烦扰得不安，这些人通常是因为受到精神上的或者某种原因的逼迫，才会带着这样愤愤的眼神看人。在这样的情况下，他的内心充满着对他人的憎恶。有这种眼神的人，许多都是曾经历了生活的不幸。

例如，有这样眼神的人，大多都是从幼年时期便开始遭受亲人的虐待或遗弃，或者在成长的过程中，有很长一段时间一直遭受别人的歧视，或者经常被朋友或同学欺负等，所以对人一直怀有憎恨的态度。正因为有这样的生活经历，所以他们习惯过着低头的生活，然而，心中的愤怒之火却是长久不熄的。所以,他们习惯低着头,用眼珠子朝上看的方式狠瞪着别人。

习惯眼珠子往上紧盯别人的人不论什么事情都想跟别人比较，他们总觉得别人好像亏欠自己似的。他们又有很强的自尊心，遇事不想输给别人，竞争意识太强。他们的性格过于倔强，一旦在人际交往中遇到不顺他们意的人，或者遇到陷他们于不利境地的人，他们便用这种眼珠子朝上看的方式瞪着别人。

生活中，还有另外一种人，他们在初次见面的时候，就用眼珠子朝上看的方式狠盯着别人。这样的事可以发生在初次见面交换名片的时候，如果和这样的人接触，会感觉到在他们的周围洋溢着不自然或者说不友好的、怪异的气氛。如果他们能够很自然地和你打招呼，这种气氛就会渐渐消散。之所以他们这样怪怪地看你，是因为他们在猜测、怀疑你。不过，也有人是在交换名片、点头示意时，在抬起头的那一瞬间眼珠子朝上狠盯着你，

这样的人通常是下意识地做出这样的动作。还有一些是在低着头表示敬意时，眼睛却偷盯着你的脸或眼睛，这样的人心理优越感很强，从不考虑别人的感受。

总之，无论哪一种类型，眼珠子朝上紧盯着别人的行为都是不礼貌、不可思议的，往往表明动作实施者内心充满憎恶与不满。

习惯性皱眉的人，需要感性诉求

"眉头"两个字常被用来形容人情绪的跌宕起伏："才下眉头，却上心头""枉把眉头万千锁""千愁万恨两眉头""花因寒重难舒蕊，人为愁多易敛眉"……基本用到"眉头"一词，就脱离不了愁字。

当然，皱眉代表的心情除了忧愁还有许多种，例如，希望、诧异、怀疑、疑惑、惊奇、否定、快乐、傲慢、错愕、不了解、无知、愤怒和恐惧。皱眉是一种矛盾的表情，两条眉毛彼此靠近，中间还有竖纹。紧张的眉间肌肉和焦虑的情绪都无法得到放松。其实，一般人不会想到皱眉还和自卫、防卫有关，而带有侵略性的、毫不畏怯的脸，是瞪眼直视、毫不皱眉的。

相传，四大美女之首西施天生丽质，禀赋绝伦，连皱眉抚胸的病态都楚楚动人，亦为邻女所仿，故有"东施效颦"的典故。在越国国难当头之际，西施以身许国、忍辱负重。皱眉是情绪的自然反应，也是内心世界恐惧的流露，是带着防卫心态的。

如果现在你遇到一个习惯紧锁双眉的人，你在与他相处时也要小心。他表情忧虑，基本上是想逃离他目前的境地，却因某些情况不能如此做。这类人给人一种随兴感，他看起来不那么随和。他多半会有些挑剔，精打细算，直觉敏锐。他个性务实，办事认真，不太会大惊小怪，不会放过任何细节。当然，他还有些犹豫。

研究发现，眉毛离大脑很近，最容易被大脑的情绪牵引，眉毛的动作是内心世界变化的外在体现。你可以从皱眉的细微差别中得知他人的心理活动。

1. 听你说话时紧锁双眉

如果他在听你说话的时候紧锁双眉，通常表示你的话中有些地方引起他的怀疑或困惑。缓慢的语速、真挚的话语往往可以打动他，消除他的疑惑。

2. 自己说话时紧皱眉头

这样的人不是很自信，他希望自己的话不会被你误解，也渴望你能给他肯定。用更直白的方式诠释他说过的话，当他知道你领会了他的意思时，你们的沟通将会更加顺畅。

3. 手指掐着紧皱的眉心

他的个性中通常带有神经质的成分，常犹豫不决，常常后悔自己的决定。遇到这样的人，你要做好心理准备，与他沟通将是一个长期的过程，需要花费更多的时间和精力来消除他的顾虑。

如果你想通过对方的面部表情了解一些潜在的信息，眉毛就是上佳的选择。人额头的皮肤最薄，一有轻微动作就会展现在眉头上，眉头一皱，眼睛因挤压而缩小，总给人忧郁的感觉。只有他卸下了防卫的面具，才能放弃心底最后的挣扎，下次你不妨从眉间找奇迹。

走路时往下瞅的人凡事精打细算

孔子曾说过："观其眸子，人焉廋哉！"意思就是说，想要观察一个人，就要从观察他的眼睛开始。因为眼睛是人的心灵之窗，所以，一个人的想法经常会由眼神中流露出来。而研究发现，一个人的视线，尤其是他单独走路时无意识流露出来的视线，总会在无意间展露内心的想法及喜好。

正常人在走路时视线是在前面 3 ～ 6 米的位置，角度通常是 75 度，在有人告诉你有危险或自己感觉到有异常时，人走路的视线角度会发生很大变化，可能在前面一米左右，角度非常小，步幅自然减小，以应对突发的变化。但是，如果你细心观察就可以发现，生活中很多人在平时走路时视线都是向下的，颇有"走自己的路，让别人去说"的味道。这类人往往小心谨慎，凡事精打细算。这样的人都比较内向，心机比较重，为人谨慎、多疑，看似无心，实则总是在思索。与他们交流，你能感受到，他们对于能带来实质性收获的交流感兴趣，重视家庭生活。

在与人交往的过程中，如果你希望深入了解他人的喜好、秉性，就需要多留意他人的视线。下面我们就来讨论不同的视线区域可能代表他人的哪些特质。

1. 走路时视线朝上

这样的视线，通常会配合轻快悠闲的步履，头微微上仰，双手插在口袋里。如果你在路上遇到他，他可能还哼着小曲儿。这类人往往个性质朴，活得轻松自然，喜欢自然界的一切美好。一朵花、一只小狗、一顿晚餐，都能为他带来身心的满足。

2. 走路时习惯平视

这类人个性认真，凡事喜欢就事论事，多半不喜欢拐弯抹角，不喜欢浪费时间，这类人属于务实派。

3. 走路时盯着某物直瞧

平时很容易见到这类人，吸引他们目光的可能是一支笔、一只猫。其实，吸引他们的不是这些东西本身，而是这些东西通常和他们正处理的事务相关。这类人往往专注力强，容易沉浸在自己的世界里天马行空，这类人喜欢谈论目前手头上正在进行的事务。

4. 走路时喜欢东张西望

在走路时喜欢东张西望的人，往往专注力不强，这类人很容易受到外界的干扰，总是漫不经心，好奇心比较重，喜欢新鲜的人、事、物。如果你和他讨论问题，他往往会反复问相同的问题。是的，他根本没有仔细听。这就是小时候老师常常批评的"注意力不集中"。

总之，每个人走路时的视线区域是不同的，了解这些细微差别，你就可以通过这些司空见惯的动作透视人心。

习惯耷拉上眼皮的人，多圆滑而不张扬

生活中，有些人无论什么时候都习惯耷拉着上眼皮，他们眯着两眼，看上去就像是前一天晚上没睡好一样。实际上，常常耷拉着眼皮的人，往往都是老谋深算的人。他们在表面上给人一种与世无争、半醉半醒的样子，其实他们的脑子转得比电脑还快，只是不会轻易让人觉察到。

习惯耷拉着上眼皮的人，多是圆滑世故而又不张扬的人。平日里，他们总显出一副迟钝、笨拙的样子，对人也很亲切、和善，给人的感觉是一个老实忠厚的人。而一旦遇到与他们的利益息息相关的事情时，他们会马上瞪圆眼睛，显露出老谋深算的一面。他们总是想方设法操控着事情朝有利于自己的方向发展。当然在这一过程中，他们仍然会耷拉眼皮加以掩饰，表面上看他们还是一张老实厚道的面孔，给你一种欺负他们会有罪的感觉。其实，他们往往正在算计你呢，仔细一分析就会发现，他们的每一句话和每一个想法可能都是有目的性的。他们习惯做好铺垫，然后引诱你钻进他们设下的圈套里。或许卖了你，却忽悠了你帮他们数钱，等他们说完"谢谢"，你冷静下来一想——唉，原来自己又被他们算计了。此刻再明白也晚了，事情都过去了，只好哑巴吃黄连自认倒霉。于是你终于明白，原来平时看起来最老实的人，是最狡猾的角色！

可见，眼皮虽然是人体很小的一部分，却能够反映一个人的心理，所以，人们可以通过一个人的眼皮来初步地了解他。那么，除了上面的例子，眼皮还能说明什么问题呢？

从进化论的角度来说，上眼皮的皮下脂肪丰厚的单眼皮，比上眼皮皮下脂肪单薄的双眼皮进化程度更高。总体而言，眼皮主要起保护眼睛的作

用。单眼皮是为了更有效地发挥这一作用而进化来的。东方人单眼皮的比率较高，而西方人双眼皮者居多，这是东方人的优势。但是，偏偏就有这么一些人，将进化程度较高的单眼皮动手术修成落后的双眼皮。这只能说是"人各有志"吧！

研究表明，单眼皮的人大多冷静，有逻辑性，观察力和注意力均优，思虑深，意志力坚强。性格消极，沉默寡言。做事细心、谨慎，虽有持续力，但个性顽固。而双眼皮的人大多知觉性强，感情丰富，热情开朗，顺应性和协调性优异，行动积极敏捷。

从下眼皮可以发现过度疲劳的痕迹。把获得了充分睡眠的人和睡眠不足的人做一下比较，就会发现，睡眠不足的人下眼睑周边呈现黑色，形成了黑眼圈。过度疲劳、淫乐无度、病魔缠身、郁闷苦恼等，都会引起这一现象。当然，一般来说，下眼睑周边会随着年龄的增长，相应出现皱纹、垂肿等现象。

当见到电视新闻播音员、有涵养的妻子、良家子弟、大家闺秀及被称为"装饰橱窗"的浓妆艳抹的女士时，人们未必能从他们的脸上窥到有关其性格方面的信息，因为许多人都将自己掩饰了起来，或是将脸作为与社会接触的广告，但他们的眼皮却在不经意间泄露了他们心中的秘密。

所以，我们在处世的过程中，可以多看看别人的眼皮，这样，很多困惑也许会迎刃而解。当然，如果遇到总是耷拉上眼皮的人，就要当心了。因为站在你面前的，很可能是头脑聪明、老谋深算的人。

缓慢踌躇地走路，是缺乏进取心的表现

生活中，我们常常可以看到一些人在走路的时候缓慢而踌躇，他们一副心事重重的样子，走路犹犹豫豫，仿佛前面有陷阱等着他们似的。即使有十万火急的事催他们，他们也一样慢吞吞，就像"怕踩死蚂蚁"似的。他们属于典型的现实主义者，为人软弱，缺乏进取心，逢事顾虑重重，简直有点儿杞人忧天。

走路时仿佛身处沼泽地的他们，大多性格较软弱，遇事容易裹足不前，不喜欢张扬和出风头；顾虑重重，绝不敢做第一个吃螃蟹的人，结果往往错失良机。但是，也正是因为他们的性格特点，所以走路缓慢的人做事谨慎，憨直无心机，十分重感情，一旦认定你是他们的朋友，就会把你当成一辈子的至交。他们凡事讲求稳妥，喜欢凡事"三思而后行"，从不好高骛远，喜欢脚踏实地，稳扎稳打。

走路缓慢踌躇的人，一般时间观念不强，他们不懂得去争取时间，因为他们没有足够的上进心。他们不光在走路时动作缓慢，在做其他事情时也是这样，总是一副不紧不慢的样子，让旁人看在眼里时总想催促他们快些，再快些。他们总是在想："你管我是快是慢，不管怎样，我完成任务就行了。"他们并不去想什么时候能升职，什么时候能加薪之类的问题。他们懂得"知足者常乐"。他们不喜欢忙忙碌碌的生活，看别人为生活忙碌奔波，甚至还会不理解，会问："你们干吗把自己搞得紧张兮兮的？"他们虽然没有进取心，但做起事来还是比较稳妥的。如果他们在事业上得到提拔和重视的话，肯定不是因为他们有什么"后台"，而是他们那种务实的精神给自己创造了条件。

　　然而有时候他们也并不一定就做得好。他们喜欢按部就班,少动些脑筋。做起事来可能相对于动作快的人会少犯点错误。他们通常没有什么远大的抱负,没有什么崇高的理想,他们安于现状,一般得过且过,吃不饱但饿不死就行了。所以,我们在碰到这种经常走路缓慢踌躇的人时,基本上可以断定他们是缺乏进取心的人。

　　这类人为人软弱,缺乏安全感。他们的观点是"耳听为虚,眼见为实",所以他们一般不轻易相信别人的话。他们也特别重信义、守承诺,你把他们当作朋友相当不错,不过你千万别欺骗他们,否则如果有一天被他们发现了,他们会一辈子记恨你。

常摆"塔尖式手势"，内心高度自信

一般来说，在身体语言中，对一个姿势的理解需要结合其他姿势群和具体的环境，才能解读其真正的含义，因为某一具体手势在这个特定场合中可能有某个特定含义，而在另外一个特定场合中可能并没有含义。比如，在一个寒冷的房间里，某人将双臂交叉放在胸前可能仅仅是为了防寒取暖，而与防御自卫或者孤独离群没有丝毫关系。但体语中有一个姿势却是例外，它是一个孤立的姿势，不需要结合其他姿势群和具体的环境，就能表达一个明确而具体的含义，它就是"塔尖式手势"。那究竟什么是塔尖式手势？它表达的具体意义又是什么呢？

所谓塔尖式手势，是对一种手势的形象称呼，指双手手指一对一地在指尖处结合起来，但两个手掌并没有接触，外表看上去就像教堂的尖塔一样，故而被称为塔尖式手势。它表达的意义就是姿势发出者对自己非常有信心。一般来说，采用这个姿势的主要是这样一些人：非常自信、有优越感，较少使用身体语言的人。

塔尖式手势常用于上下级之间的互动关系中，用来表示自信和无所不能。管理者给下属传达通知、布置任务时，常会自觉或不自觉地做出这个姿势。这在律师、IT人员、经济师之类的人群中尤为常见。他们之所以喜欢做出这个姿势，就在于想通过此种姿势，向别人表明他们对自己所说的话，或者是所做的决定，具有十足的信心。

研究表明，职场中有一种很普遍的现象就是那些自信的佼佼者经常使用塔尖式手势，以显示他们的高傲情绪。在上下级之间，这种手势主要用来表示当事者"万事皆知"的心理状态。如某些大公司的总经理在给他的下级传达指示时经常使用这一手势；某些做报告的领导，常常坐在讲桌旁，双臂支在桌子上，双手不由自主地形成塔尖式。这种手势在会计、律师、经理、单位领导和同类人之间更为普遍。

　　具体来说，根据塔尖的朝向，塔尖式手势可以分为向上和向下两种姿势。当一个人向别人发号施令，或是在阐述自己的观点、意见时，其手势的塔尖朝向上方；当一个人在聆听别人说话时，其手势的塔尖可能会朝下。心理学家研究发现，女性不论是对别人发号施令，还是聆听别人说话，都喜欢用倒置的塔尖手势来含蓄地表达自己的自信。如果一个人在做出塔尖朝上手势的同时，还昂起自己的头，这就表示他是一个自以为是，并且很自大的家伙。如果某些人在看你时，常常做出塔尖式手势：先把十指做成塔尖式手势，并将其置于与双眼平行的位置，然后透过两掌间的缝隙盯着你，一言不发。这其实是在暗示你："你心里在想什么都一清二楚，不要在我面前耍花样，不然后果很严重！"

　　总的来说，塔尖式手势是一种积极、明确的姿势语言，除了可以用于积极的方面，它还可以用于消极的方面。比如，当一个下属在向其经理汇报工作时，他可能会做出一些积极的姿势，如摊开双掌、身体前倾等。经理在下属汇报完毕后，可能做出塔尖式手势。要想判断经理这个手势的意义是积极的，抑或是消极的，关键就在于经理做出的这个动作是在下属的一些积极姿势之后，还是在一些消极姿势之后。如果是在一些积极姿势之后做出的，则表示他肯定了这位员工的工作；如果是在一些消极姿势之后做出的，则表示他不太满意这位员工的工作。

第四章

表里不一，
身体语言泄露谎言

言行不一，肢体揭露内心

人类大脑的边缘系统是非常诚实的，由边缘系统掌控的肢体行为会如实地反映我们的想法，这些动作是我们的主观意识无法控制的下意识的动作。我们之所以可以通过身体语言来识别谎言，原因就在于说谎行为本身的复杂性。看似漫不经心的一句谎言，想要做到滴水不漏不被人怀疑，其实是一件需要动员全身器官共同参与的庞大工程。因此，无论一个人的口才多么好，说谎技术如何高明，他的肢体都会"出卖"他。

人们在说话时，实际上是同时在意识和无意识两种层面上进行交流，说谎者把精力集中在编造谎言、如何应答上面，因而很难控制自己的身体语言。由于人们在交流中同时传递这两种信息，因此说谎能否成功的关键就在于对意识和无意识两种信息表达的控制是否得当。讲真话的人，意识表达和无意识表达总会保持一致，而一旦语言和动作之间出现不一致，我们就有理由表示怀疑。在这种情况下，我们难以控制的无意识信号，即动作和姿势，往往才是真情实感的表达，也就是说，当动作和语言自相矛盾时，所说的话就很有可能是假的。

生活中经常可以见到这样的例子，例如，抱怨感冒头疼向领导请假，却以轻快的步伐走下楼梯；嘴上明明说"不是"，同时却在点头；再如，对方嘴上正在说好话，两个拳头却紧紧地握在一起，那分明就是讨厌你的表现。

曾担任过六百多件法庭审判顾问的乔艾琳·狄米曲斯在《读人》一书中提到过这样一幕：一次挑选陪审员时，负责此事的律师的妻子流产了，他向法官请求准他一天假好陪在妻子身边，但法官拒绝了，因为这会耽误工作。但是律师不得不走，把工作交代给其他同事后就离开了，而此时法官要求其他同事代他向律师及其妻子表示最大的祝福。

乔艾琳注意到，从表面上看，法官的话语似乎充满了同情，但从他当时说话的表情和动作姿势中，丝毫感觉不到同情和温暖之意。他脸上没有表情，一边说话还一边低头批阅文件，这表明他压根就不关心律师和他家人的命运。稍后，法官因为另一件事情对一名陪审员咆哮，从言语上看他似乎很生气，但他的肢体语言却泄露了他真实的情绪，他的动作并没有反映出怒火——身体没有前倾、没有任何手势或者脸红。尽管法官说话时故意很大声、装作很生气的样子，但他的肢体语言却说明他不过是在利用愤怒的声音恐吓威胁对方，因为他自己缺乏合适的理由说服别人。

动作和语言不一致还有另一种情况，就是时间点不对，这和假装的表情是一个道理。例如，一个人假装生气，在说完话之后，会故意用拳头捶桌子或者挥舞手臂作为强调，以此来让自己看起来真的很生气。这种事后追加的动作都是刻意为之，并非发自内心。

因此，我们听别人说话时，要同时注意他的肢体语言，拿肢体语言、表情和说话内容做比较，才能看出一个人的真实情绪和动机，除非动作、声音和说话内容彼此符合，否则就一定有所掩饰，那就需要我们仔细观察去找出线索了。

眼神躲闪，多是心虚

大多数人在说谎时心中难免会有愧疚之感，以及担心谎言被揭穿的恐惧，愧疚和恐惧都会从他们的眼睛里流露出来，比如，回避目光交流，或是低头不看对方，或是明显地把头偏向一侧，这些都可以说明这个人不坦诚。说谎时如果与别人对视，心里会更加紧张，然后就反映在眼睛里，因此说谎者本能地转移视线，以消除紧张感。

避免眼神接触或很少直视对方，是典型的欺骗征兆。人在潜意识里觉得别人会从他的眼睛里看穿他的心思，因此，很多人会尽量避免和对方眼神接触，因为心虚所以不愿意面对你，眼神闪烁、飘忽不定，或者不停地眨眼。影视剧中经常可以看到这样的片段：一个人怀疑别人在对他撒谎，于是对那个人说"看着我的眼睛，告诉我，到底是怎么回事"，而对方却把头低下或者扭开，不敢直视对方。的确，眼睛很容易泄露谎言，持续长久和躲躲闪闪的目光接触都是对方在说谎的重要标志。

揉眼睛则是另一种避免眼神接触的方式。当一个小孩不想看到某些人或某些事情的时候，他可能会用一只或两只手来揉自己的眼睛，成人也一样，当他们看到某些不愉快的东西时，也可能会用手揉自己的眼睛。揉眼睛这个动作是大脑不想让眼睛看到欺骗、疑惑或是其他不好的东西，或者是不想让自己在说谎时与别人发生眼神接触，以免自己因心虚而露馅。一般来说，当一个男性撒谎时，他可能会用力揉自己的眼睛。如果谎撒得较离谱，他会转移视线，通常是将眼睛朝下。当一个女性撒谎时，她不会像男性那样用力揉自己的眼睛，相反，她仅会轻揉几下眼睛下方，同时将头上仰，以免和对方发生眼神接触。

频繁眨眼也是说谎的标志之一。科学家通过暗中观察，发现人们在正常而放松的状态下，眼睛每分钟会眨 10 ～ 15 次。而这种间隔在非正常状况下被打破。所谓非正常状况就是说你的内心情绪有较大起伏，比如，因为说谎而紧张，这个时候眨眼睛的频率就很可能显著提升。撒谎的人内心无法平静，承受着担心谎言被识破的巨大压力。在这种压力下，说谎者或许可以控制自己的口头表达，却很难控制身体语言，于是眼睛会因为巨大的紧张感而不停地收缩。

当一个人心理压力忽然增大时，他眨眼的频率就会大大增加。比如，正常条件下（职业骗子除外），当一个人撒谎时，由于害怕自己的谎言被对方揭穿，他在说完谎话后，其心理压力会骤然增大，相应地他眨眼的频率会大大增加，最高可达每分钟 15 次。所以，你在和某个人谈话时，如果你发现他老是不断地眨眼睛，说话也变得结结巴巴，你就得留心他所说的内容的真实性了。

此外，英国人类学家戴斯蒙德·莫里斯在观察警察审讯的过程中发现，当人们说谎或努力掩饰某种情感时，他们眨眼时眼睛闭上的时间会比说真话时更长，这是另一种避免眼神接触的方式。说谎者在无意识中通过延长眨眼时间给自己关上"一道门"，从而减轻内心因说谎而产生的愧疚感。

瞳孔先放大再恢复，是企图掩盖真相

人类瞳孔的变化是不由人的主观意志控制的，完全是下意识的反应，因此可以真实地反映人的情绪变化。人的瞳孔会随着情绪的变化而相应地放大或缩小。无论说谎者的演技多么高超，他也无法掩盖这一点。瞳孔的这种变化是人无法控制的，因此只要我们留意观察对方的瞳孔，就能断定他是否在说谎。

当我们对眼前的事物或者谈话内容感兴趣的时候，瞳孔就会放大。如果一个人的瞳孔变化和他试图表现出来的情绪不相符，就可以怀疑他所说的内容的真实性。警察在询问嫌疑人时经常会用到这个方法。例如，警察想要知道嫌疑人和另一名疑犯是否相互认识，会把许多张照片一张一张地给嫌疑人看，其中只有一个是目标人物，嫌疑犯看到目标人物的照片时，瞳孔会突然放大然后恢复，警察如果能够观察到这个细节，基本上就可以下结论了。

关于瞳孔与谎言的关系，俄国有一个故事。一个叫卡莫的俄国人在外国被警察抓获，沙皇政府要求引渡他。卡莫知道，一旦他回到俄国，无疑将面临死刑。于是他装成疯子，企图以此逃过惩罚。他的演技骗过了一位又一位经验丰富的医生，最后他被送到德国一个著名的医生那里进行鉴定。这位医生把一根烧红的金属棒放在他的手臂上，为了逃避惩罚，卡莫忍受着剧烈的疼痛，没有喊叫，也没有露出任何痛苦的表情，但是他的瞳孔因为痛苦和恐惧而放大了。聪明的医生看到了这一点，完全明白了他不是丧失了知觉的疯子，而是一个正常人。

可见，演技再高超的骗子也无法控制自己瞳孔的大小变化。故事中的医生正是利用瞳孔与恐惧情绪之间的联系发现了欺骗者的破绽。反过来，人们也可以利用瞳孔变化与兴奋情绪之间的联系来识破谎言。

第二次世界大战期间，盟军反间谍机关抓到一个可疑的人物，此人自称是来自比利时北部的"流浪汉"。这位"流浪汉"的言谈举止十分可疑，眼神中露出一种机警、狡黠，不像普通的农民那么朴实、憨厚。法国反间谍军官吉姆斯负责审讯此人，吉姆斯怀疑他是德国间谍。

第一天，吉姆斯问这位"流浪汉"："你会数数吗？""流浪汉"点点头，开始用法语数数，他数得很熟练，没有露出一丝破绽，甚至在德国人最容易露馅的地方也没有出错，于是，他过了第一关。

吉姆斯设计了第二招，让哨兵用德语大声喊："着火了！"然而"流浪汉"似乎完全听不懂德语，一动不动地坐在椅子上，脸上也没有任何表情。吉姆斯心想，这个间谍果然不简单。

吉姆斯冥思苦想，想出了一个特别的办法。第二天，士兵将"流浪汉"押进审讯室，他依然是一副无辜的样子，十分冷静。吉姆斯看见他进来，假装非常认真地阅读完一份文件，并在上面签字之后，故意用德语说："好啦，我知道了，你的确就是一个普通的农民，你可以走了。"

"流浪汉"一听到这话，误以为他骗过了吉姆斯，不自觉地卸下了防备，于是抬起头深深地呼吸，瞳孔突然放大，眼睛里闪过一丝兴奋。吉姆斯从这短暂的表情中看出了端倪，看来这位"流浪汉"确实听得懂德语，而且之前一直是在伪装。吉姆斯抓住这个细节，对"流浪汉"进一步审讯，终于揭穿了他的谎言。

总之，瞳孔放大必然和恐惧、兴奋等情绪有联系，即使对方的身体一动不动，一言不发，仅从瞳孔的变化也可以发现他企图掩藏的情绪，从而揭穿谎言。

说话声音高而缺乏变化时往往在撒谎

　　人们说话时，不仅说话的内容在传达信息，说话的声音也能表达含义。我们可以有意识地控制自己说什么，但很难控制自己的声音，特别是在说谎时情绪紧张的状态下，即使能够毫不费力地控制措辞，也很难掩饰自己声音的变化。情绪会影响我们说话的音调、音质和音量。例如，人们生气时，说话声音会变大，语速加快，音调提高。而当人们情绪低落时，说话比平时更慢，而且声音低沉，音量小。

　　人们在说谎时声音会变高，而且声调平平，缺乏抑扬顿挫，这是因为说谎者的声带像身体其他部位的肌肉一样，因压力而紧绷，所以音调变高，带有欺骗性质的陈述不会像表明发自内心的坚定观点那样带有抑扬顿挫，而是缺乏变化的、平淡无味的声调。

　　说谎者的情绪差别也会导致不同的声调变化。有研究发现，当说谎者觉得自己有罪时，声音会变得像愤怒的时候一样，更快、更高、更大声；当说谎者觉得非常羞愧时，声音会变得像忧伤的时候一样，更慢、更低、更平缓。

　　通过语速也可以判断一个人是否在说谎。平时少言寡语的人突然做作地高谈阔论起来，我们就可以据此推测这个人藏有不可告人的秘密。平时快人快语的人突然变得沉默寡言，我们就可以据此推测这个人很可能想要回避正在谈论的话题，或者对谈话对象怀有敌意和不满之情。回答问题的速度也是重要的线索，特别是关于价值观和信仰方面的问题，作答并不需要时间考虑，但是如何回答会影响别人对自己的看法。因此，说谎的人需要较长时间的考虑之后才会说出符合主流价值观的答案。同样，反应的速度过快也很蹊跷，就好像是事先已经准备好了答案等着你问他了，如果他平时说话都慢吞吞的，却突然不假思索地给出一个答案，那么这个说法十有八九不可信。

除了声音和语速的变化，人们在说谎时还会有其他一些典型的语言特点。例如，在谈话中停顿的时间过长或过于频繁，会延长用来停顿的语气词，如"嗯……""哦……"表明说谎者在利用停顿的时间来考虑接下来应该怎么说，或者他因为紧张而变得结结巴巴。

根据有关研究，人们说谎时流露出的各种信号的发生率，如下所示：

（1）过多地说些拖延时间的词，比如，"啊""嗯"等词占到 40%。

（2）托词使用率为 25%，比如，"因为临时有事情，那天去不了"。

（3）语言反复率为 20%，例如，"本周的星期天吗？星期天要加班？"

（4）口吃现象为 9%，例如，"什……什么？"

（5）省略讲话内容，欲言又止占 5%。

（6）说些摸不着头脑的话。

（7）说话内容自相矛盾。

（8）偷换概念。

以上信号中，如果在对方讲话时有好几处得以验证的话，那就表明他是在说谎或者是有难言之隐。当然，这只是研究得出的概率统计，仅供大家参考。总的来说，声音变化是判断一个人说谎与否的重要线索，当我们听别人说什么的时候，也要留心他是如何说的，这样才能有效地识别谎言。

扭头可能是说谎时的防卫动作

人们说谎时，会下意识地避免与对方对视，例如，低下头或者移开视线。如果此时说谎者内心十分紧张不安，他就会做出进一步的防卫动作，例如，把头扭过去，就好像在说"别再问了，我不想谈这个话题"。

扭头是人们说谎时的一种典型的防卫动作。仔细观察正在谈话的两个人就会发现，如果一个人对话题感到轻松自在有兴趣，会不自觉地把头靠向对方，仿佛希望进行更深入的交流。反过来，如果一个人身体后倾，把头扭过去不看对方，说明正在谈论的事情令他感到不安，想要停止谈话。清白诚实的人面对别人的责问时，会积极地展开攻势，他之所以激动是因为不想被人冤枉；而心虚的人则会因为不安而做出防卫性的姿势和动作。

例如，乔安娜和约翰为一件事情大吵了起来，乔安娜认定约翰做了什么，如果约翰把头撇开，却不做辩解，那么看来确实有什么事情发生了。相反，如果约翰十分激动地立刻辩解澄清自己，他很有可能就是无辜的。

把头扭过去已经显露出内心的紧张不安，如果说谎者面对提问极度不安，就会想要逃避，但他不会拔腿就跑，而是寻求空间的庇护。就好像我们受到威胁时想要躲避逃走一样，人们在说谎时，心理上处于劣势，担心谎言被识破，会不自觉地移开身体，他绝对不会主动靠前，而是退后或者转身，以此躲避直面指控的威胁。例如，把身体转向门口的方向、背靠墙壁，而不是背对着门坐在屋子中间，因为这样他看不见背后发生的情况，会更加不安。另一种方式是直接寻找"盾牌"来保护自己。例如，紧紧地抱着一个抱枕，挡在自己的胸前，或者把酒杯放在身前，这些都是在两人之间制造一种障碍物，好像士兵举着盾牌来保护自己免受伤害，说谎的人利用这些物体挡在两人之间，在潜识中进行自我保护。

　　换句话说，人们交谈时，身体姿势和动作的开放程度与他的可信度成正比。一个人的姿势动作越舒适自在，就越说明心中坦荡无欺，因为他知道自己是清白的，所以没必要紧张不安。而对方如果不敢看你、不敢正面对着你、不敢接近你，那就是说谎的征兆。

不正面回应，常是心虚的表现

文学作品的描写方式有正面描写和侧面描写之分，谎言也是如此。说谎的人通常不愿意正面回答你的问题，他们既不想承认事实，又不想撒谎，所以往往采取一种折中的办法来应付你的提问，那就是暗示性的回答。

老师问小玉："我发现最近你的作业和小芳很相像，她做对的你也做对，她做错的你也做错，你们俩是不是互相抄袭作业了？"

小玉低声说："我和小芳平时都不在一起玩，我妈妈每天都守着我写作业呢。"

像小玉这样的回答等于根本没有回答，面对老师的问话，她不能不回答，但又害怕被老师责骂，所以只能用"妈妈守着我写作业"来暗示自己是诚实的。暗示性的回答一方面避免了承认错误的麻烦，另一方面又可以减轻自己说谎的内疚感。除了暗示性的回答方式，说谎者惯用的答话方式还有下面五种。

1. 套用你的话回应你，拖延时间

说谎的人在面对突如其来的盘问时，一时间来不及编造好答案，往往套用对方的问话来回应，以此拖延时间，来准备好一套说辞。对说谎的人来说，一秒钟比一分钟还长，这个时间足以让他做好准备。

妻子问丈夫："你是不是偷看我手机短信了？"丈夫有些慌张地反问道："谁偷看你手机短信了。"妻子又问："那你刚才拿我手机干吗？"丈夫说："我拿你手机干吗，我以为有电话就帮你看了一下。"

套用你的话作为回应，不需要进行思考而且显得反应迅速，这就像早上上班时同事之间互道"早安"一样自然，根本不需要用大脑思考，就按

照对方的话进行回应。除反问和重复对方的话之外，另一种套用方式就是把肯定句换成否定句作为回答，如果对方说"你撒谎了"，心虚的人大都会回答"我没有撒谎"，而清白的人则一般会回答："我说的是实话。"

2. 利用反问来拖延时间

就像套用你的话来回应一样，反问也是故意拖延时间以便编造谎言的手段。反问对方有时比套用对方的话更有效，因为反问过后对方还需要时间回答，这又为说谎者进一步争取到了编造说辞的时间。常见的反问伎俩有："你这是什么意思？""你怎么会问我这种问题？""你听谁说的？""你觉得呢？"

说谎者不但利用反问来争取思考的时间，还可以凸显自己的气势，一副理直气壮的样子，有时甚至会以此震慑对方，让对方不敢再多问。

3. 主动提供更多的"信息"

说谎的人知道，如果自己什么都不说，正是心虚的表现。因此他们可能反其道而行之，不但大大方方地回答你的问题，而且还主动提供更多的相关信息，一直到对方相信了为止。

妈妈问儿子周六一整天都去了哪里，儿子撒谎说去市图书馆看书了。见妈妈一脸的怀疑，儿子又接着说："我还在图书馆遇见小明了，他说他每个周六都去那儿看书。"妈妈没说话，转身接着切菜。儿子赶紧又说："小明还让我下周五去他家给他过生日，他还请了好多同学。"

就像这样，说谎的人急于让你相信他说的话，如果你表现出怀疑的，他就会继续提供更多的"信息"作为证据，可能会牵涉到更多的人物和事件，因为人们往往相信，描述得越具体的事情越有可能是真的。

4. 说漏了嘴

很多说谎者都是由于言辞方面的失误而露馅的，他们没能仔细地编造好想说的话。即使是十分谨慎的说谎者，也会有失口露馅的时候，弗洛伊德将之称为口误。人们常会在言辞中违逆自己意思，同时在内心中潜藏着矛盾，以致稍一大意就会说出本不想说的或相反的话，从而在口误之中暴露了内心的不诚实。因此，口误的必然情形便是说话者要抑制自己不提到某件事或不说出自己所不愿说的东西，但又因某种情况而"说走了样"。因此，偶然出现的口误有时恰恰就是真相所在。

5.漫不经心地描述一件重要的事

当我们不希望某件事情引起别人的注意时，我们会尽量使用平淡的语气来叙述，最好是轻描淡写地一笔带过，这也是说谎者常用的手段，他们对那些可能引起你怀疑的事情进行淡化处理。例如，你和妻子一边吃饭一边聊天，她忽然说："哦，对了，我明天晚上要去参加一个朋友的生日派对。咱爸的生日也快到了，我们想想准备什么礼物吧。"如果你的妻子平时除工作以外很少出门，更不喜欢去人多喧闹的地方凑热闹，而朋友的生日派对她却平日一点儿也不重视，那么明天的活动就疑点重重。快速地转移到父亲的生日话题上，表明她企图转移你的注意力，可见事情一定有蹊跷。

第五章

内心紧张时，
看这些肢体小动作

脚踝相扣，内心紧张的透露

作为身体语言的一部分，腿脚的动作细节也在诉说着无声的语言。如果你和别人交谈时发现他的脚踝相扣，这表示他对你持否定或防御的态度，他做这样的动作是为了抑制紧张的情绪。

更有趣的是，当谈话对象脚踝相扣时，他的内心往往会产生"紧咬双唇"的潜意识。由于他内心缺乏把握或者是恐慌害怕，彼此双扣的脚通常会被悄悄地挪到椅子底下，与此相对应的则是沉默寡言的态度。因此，脚踝相扣体现的是一种消极、否定、紧张、恐惧或是不安的内心情绪。

如果一个人做出脚踝相扣的动作，则表明他在心里极力克制、压抑着自己的某种情绪。比如，在法庭上，开庭之前，几乎所有的涉案人员就座在各自位置上，他们通常会双腿交叉，呈现出不是很紧张的状态。而在审判的过程中，被审人员为了减轻心中的压力和消除自己心头的恐惧、慌乱情绪，很可能会将脚踝紧紧地靠在一起。再如，面试时，如果你留心一下参加面试人员的脚部情况，你就会发现，很多人几乎都会做同样的姿势——把踝骨紧紧锁在一起。这个姿势就泄露了面试者的心理情绪状态，即他们在努力克制自己心头的紧张、压抑、恐慌等情绪。此种情况下，为了帮助面试者控制好情绪，面试官就会暂时岔开主要话题，或者直接走到面试者旁边坐下，以拉近彼此间的距离，从而让其消除心头的压抑和紧张。如此一来，双方就能在一个相对轻松、友好的氛围中进行交流了。

在公共场合中，我们常常看到夹紧双腿、脚踝相扣的人，尤其是那些身着短裙的女性。虽然我们可以从避免走光的角度出发去推测女性紧夹双腿姿势的含义，但实际上，短裙并不是关键的原因。从一些并没有穿短裙的女性身上，你还是可以看见这些动作。比如，她们会忽然把脚踝扣在一起，双膝并拢，两只脚置于身体同一侧，双手并排或是交叠着轻轻放在位于上方的那条腿上。做这些动作其实说明实施者感觉紧张或不安全。当她们感到舒适时，她们会自然地打开自己的脚踝。当然，由于性别的不同，男性在做这一动作时存在一定的差异性。男性在锁定脚踝时，通常还会双手握拳，并将其放在膝盖上。有时，一些男性则用双手紧紧抓住椅子或沙发两边的扶手。但是无论是女性还是男性，这样的动作无疑表明他们正在努力克制自己内心的紧张。

脚踝相扣除表示一个人在心里进行自我克制以外，有时也是一种犹豫不决的信号。比如，在谈判的过程中，如果你是个经验丰富的谈判专家，在你看见对方做出踝部交叉的姿势后，你应该感到窃喜，为什么会这样呢？因为这个姿势表明对方心里可能隐藏着一个重大的让步，只是他现在心里摇摆不定，思考究竟要做多大的让步才合时宜。此种情况下，如果你立即向对方提出一系列试探性问题，并采取一切可能的措施，对方会很快改变这种犹豫不决的体姿，最终做出较大的让步。

总之，无论是紧夹双腿还是脚踝相扣，如果有人对你做这样的动作，就表示他很紧张、焦虑、不安。这些姿势是封闭性的，说明他没有做好和你充分交流的准备。你需要做好心理准备，你和他的对立局势可能会延长。

不时拨弄头发，说明心中不安

不知道你是否注意过，人们在处于紧张的状态时总是会下意识地做出一些小动作，而这些小动作能够泄露出很多内心信息。例如，你和朋友交谈时，他总是不时地拨弄头发，这是他的大脑发出了信息："心慌！安抚我一下吧。"是的，就像小猫小狗感觉害怕时会舔自己的毛发一样。人类频繁地拨弄头发，也表示心中紧张不安。

如果留心观察儿童的身体语言，你会发现，小孩子犯错误被父母或老师发现之后，经常会做出这样的动作——站在大人面前，身体不动，只是用手不停地拨弄头发，通常还带着无辜的眼神，表现出十分紧张的样子，仿佛在说："我错了，我会不会挨打呢？"因此，太频繁地拨弄头发，不是说这个人没有洗头发、头皮很痒，而是他内心极度不安，缺乏自信，需要频繁地拨弄头发来掩饰心中的不安和不确定感。对这样的动作最常见的解释是当事人感到疑惑、不安，甚至有点焦躁。

小葛是个纨绔子弟，和莉莉结婚后稍有收敛。可是有一天，小葛又彻夜未归，早上回家，他发现莉莉整晚没睡。莉莉站在窗口，红肿着双眼，质问道："你是不是又去夜店了？这个家你还要不要了？"从未见过莉莉发火的小葛有些慌乱，他不停地拨弄头发，说："我……我没去夜店啊，你要相信我！"

从上面例子可以看出，尽管小葛嘴上否定了莉莉的猜想，但他手上的动作却表明了他心中的不安。你细心观察就会发现，人们在面对紧张的时候，总会通过一些小动作将情绪透露给你。让我们看看其他的一些体现紧张的小动作。

1. 不停地清嗓子

你会发现，很多人原本嗓子没有不舒服的感觉，可是在准备比较正规的演讲前，他会不停地清嗓子。这不是怪癖，只是紧张的缘故。不安或焦虑的情绪会使喉头有发紧的感觉，甚至发不出声音。为了使声音正常，他就必须清嗓子。这也是有的人说的"紧张得连声音都变了"的原因。如果你遇到说话不断清嗓子、变声调的人，这表示他们非常紧张、不安或焦虑。

2. 狠狠掐烟或任烟自燃

抽烟有时会被认为是缓解紧张、压力的方法。生活中，你常常可以看到这样的动作：有人在烟没有抽完的时候，忽然把烟狠狠掐灭或是把它搁在烟灰缸上任其燃烧。其实这样动作的潜台词常常也是压力、紧张、焦虑。

3. 屁股底下坐了球

每个人在当学生的时候大概都被老师说过："你能不能好好坐着？你屁股底下坐球啦？"当你和别人聊天时，如果你发现他坐立不安，那就表明他感到有压力或不安，有时候无聊也会有这样的动作。

很多动作看起来很平常，实际上也是紧张不安的表现。比如，撕纸、捏皱纸张、紧握易拉罐让它变形等，并且你可以发现，当一个人的紧张感、不安感严重的时候，这样的动作出现的几率更大。人们似乎希望借这些动作来缓解并稳定情绪。

握紧拳头是心理学上的武装姿势

著名的人际关系大师亚伦皮斯在幼年时已经学会了一套察言观色的本领。他曾经上门推销橡胶海绵。他知道当对方的手心展开时，他就可以继续他的推销活动。而如果对方虽然表面上和气，却攥紧了拳头，他就要马上离开，免得浪费时间。

握紧拳头是指在交谈的过程中，对方两手握拳的时间较长。最常见的是两手握拳于身后呈叉腰状，或者双手抱胸两手紧握，而不是像平时那样两只手掌张开，也有时是两手握拳，撑在下颌处。

握紧拳头是心理学上的武装姿势，美国心理学家布莱德曼经过研究证实，在很多情况下，一个人做出此种手势其实并不代表着他非常自信，与之相反，它代表此人正处于一种焦虑、紧张，或者是失望、悲观的情绪之中。例如，当一个人将双臂环抱于胸前时，还加上了双拳紧握这个细节动作，这代表强烈的敌意。如果有人在和你交谈的过程中，握紧拳头，我们就可以推断出，他心里很讨厌你。这样的人有着明显的防御意识，同时你也可以感受到对方的敌意。紧握的双拳是他在极力克制自己的情绪。你也可以从他的其他身体语言上看出这一点，比如，眉头紧皱，甚至还有脖子上青筋迸发的现象。如果此时你激怒他，他会由这种显示敌意的状态真正转变为敌意爆发的状态。

王明和小张是同寝室的大学同学。4月1号那天，王明偷拿了小张的论文。在小张焦急地寻找论文时，王明拿出论文，说："你也太笨了，它就在你的枕头下面啊。"小张不由自主地握紧了拳头，手上的青筋迸发。王明并不在意，继续和室友一起起哄，一起嘲笑小张。结果，小张对王明大打出手。

从上面的例子可以看到，王明没有及时理解小张传递出来的手势信号，所以才激怒了焦急、羞愤的小张。其实，只要你懂得观察，你的确可以从对方手掌的姿势看出他对你的看法。

1. 手掌向上自然平展的人，对你有好感

你和朋友聊天时，经常可以看到，他靠在桌子上，掌心向上，一只手可能还夹着烟。这表示对方对你颇具好感，想和你更亲近。手掌向上自然平展是身心放松的表现，只有对你没有戒备，才会展现这类手势。

2. 手掌向下自然平展的人，对你还有戒备

平展的双手通常会放在椅子扶手上、大腿上，有时候还会放在面颊上。这表明他极力想对你示好，但心理还有戒备，不过这种手势很普遍，大体上对你还是有好感的。

3. 双手摊平合十的人，对你很抗拒

这是我们大家熟悉的祈祷手势，好像拜拜一样，有人用这个手势来表示拜托、请求。如果你遇到这样的人，基本可以断定，这人对你是抗拒的，这种动作往往用在有求于人的时候，虽然他嘴上请求你帮忙，但心里往往是抗拒的。

另外，在某些特殊情况下，一些人会做出握拳的动作，其实并不一定代表他们讨厌你。有些人在内心焦虑或紧张不安的时候，也会做出握拳的动作，这是一种对自己负面情绪的安慰，是一种心态的特殊反应，所以我们应该区别看待。

双脚滑来滑去泄露紧张情绪

英国的一名心理学家通过实验发现了一个有趣的现象：人体中离大脑越远的部位，越有可能反映一个人内心的真实感情。脸离大脑最近，因此人们常常伪装出各种表情来撒谎，可信度最低；手位于人体的中间偏下部位，可信度中等，一个人会或多或少地利用手势来撒谎；而腿和脚离大脑较远，相比于人体其他部位，它的可信度最高。一个人腿和脚上的动作往往会泄露其内心的真实情感，当你怀疑一个人在说谎，却看不出什么破绽时，不妨多注意他的腿和脚的动作。

在某次会议上，总经理要求各部门经理汇报近半年以来的工作情况。很快，轮到陈经理发言了。他整理了一下自己的衣领以后，便面带微笑地开始总结自己部门的工作情况。在他发言的过程中，总经理觉得陈经理今天有点不对劲，虽然他面带微笑，但嘴角总会偶尔歪斜一下，拿文件的手也在微微地颤抖着，更为奇怪的是，他的双脚不停地滑来滑去。稍微想了一下，总经理明白了其中的原因。会议结束后，总经理让陈经理留了下来，说有事要单独和他谈谈。待陈经理坐下后，总经理单刀直入地问道："你为什么要在总结工作时撒谎？"一听这话，陈经理顿时满脸通红，连忙向总经理道歉，并请求其原谅自己。

为什么总经理知道陈经理在撒谎呢？很简单，因为陈经理在说谎的时候，尽管他做出了一些虚假表情，如面带微笑，并且努力控制自己的手部动作（其实还是没有完全控制住，仍旧在微微颤抖），但是他没有意识到在自己发言的过程中嘴角出现了歪斜，更为重要的是，他没有意识到自己下半身的动作增多了，如双脚"滑来滑去"，这些恰恰是一个人说谎时的经常性动作。而他的这一切，都被总经理看在眼里。这也是为什么很多企业的总裁总是喜欢坐在不透明的办公桌后面，让桌子遮住自己的下半身，他们才感到舒适自在。因为一个人在撒谎时，他虽然可以控制脸上的表情和动作，却无法有效控制下半身，尤其是腿和脚部的一些动作。

　　因此，当我们看到一个人双脚处于一种不安的状态，不停地抖动或者移来移去，就可以判定这个人的情绪也处于一种比较紧张不安的状态。

一说话就清嗓子，往往说明他很紧张

曾国藩认为，每个人的声音，跟天地之间的阴阳五行之气一样，也有清浊之分，清者轻而上扬，浊者重而下坠。声音始于丹田，在喉咙发出声响，至舌头那里发生转化，在牙齿那里产生清浊之变，最后经由唇部发出去，这一切都与宫、商、角、徵、羽五音密切配合。所以我们在识人时，可以听他的声音。要去辨识他独具一格的地方，不一定非要他的声音与五音相符不可，通常我们只要听到声音就会想到这个人，于是就有了"闻其声而知其人"的说法。说话的声音和习惯可以反映说话人的心理，要判断一个人究竟是个英才还是庸才，不一定非要见到他的庐山真面目不可，有时候听听他的声音就可以。

在比较正式的场合，如果遇到一个还没开始说话就清嗓子的人，你基本可以断定他这是由紧张和不安所致。在说话的过程中不断清嗓子的人，可能是为了变换说话的语气和腔调，还有的则是为了掩饰自己心中的不安和焦虑。如果有人在说话过程中并不是不间断地清嗓子，而只是偶尔一两次，这多半表明他对你说的问题并不是十分认同，还需要仔细地考虑，认真地商定一下。有时候，陌生人之间故意清嗓子还表示一种警告，往往是为了表达自己的不满情绪，同时也包含着向对方示威、挑战的意思，告诉对方自己可能会不客气："你尽管放马过来吧！"

可见，如果一个人说话的时候不断地清嗓子，那说明此人对自己的话根本就没有信心，他只是为了掩饰自己的不安，而且这种人具有杞人忧天的倾向。另外，如果男性出现叼咬烟头、用唾液润湿的动作，多半表明他的心理不成熟，也没有主见。反之，说话慢条斯理的人，通常都是心中有主见的人。

　　单位的领导者或一个团队的主管，讲话的时候总是逻辑严密、慢条斯理，这不光可以体现他们卓越的管理能力，更表明他们自己的主见。如果随便在员工里拉上一个人去讲话，即使准备充分，他们也多半会磕磕巴巴，不断地清嗓子，表现得异常紧张。讲话慢条斯理的人，在讲话之前会充分考虑好自己的言语或表达方式而后再说出来，所以他们往往表现得胸有成竹；而且这样做更容易表述自己的意思，可以提高沟通的效率。通常，他们的心理很成熟，面对问题的时候不会鲁莽和急躁，有自己的主张和见解，不会事事都询问他人。当然，也绝不是从不听取他人的建议。这是因为这种人通常头脑极为冷静，能看清事态的发展和变化，关键时刻能拿主意，但绝不是逞能。如果遇到困难，即使内心不安，也不会表现在脸上。他们在生活中也比较沉稳，做事有计划、有条理，不至于活在忙碌和烦躁当中。

　　综上所述，我们可知如果一个人在说话的时候不断地清嗓子，往往是信心不足、内心不安的表现。

摆弄打火机开关，不是掩盖紧张就是内心急躁

在日常生活中，尤其是男士，吸烟的人比较多。这时，一般人都会用打火机，也有少量人喜欢用火柴。通过用打火机或者火柴的方式，也可以推断出一个人的性格。

比如，有的人已经点完烟了，可是还继续把玩打火机的开关。这是一种内心急躁的表现。他们的内心经常充满焦虑，表现出来，就是容易情绪紧张，还给人一种元气耗散的印象。他们很容易着急，做事不顺利时，就会坐不住了，总是想着这件事。因此，在公共场合，一般都是他们第一个开始抽烟，这样做可以让情绪得到适当的发泄。但是在吸烟的过程中，他们内心的急躁可能并不能得到完全的排解，于是他们会玩手中的打火机，以此来掩盖情绪的紧张与内心的急躁。因为轻轻地玩打火机的开关，总比让脸部不断抽搐好。他们做事比较缺乏耐心，也没有恒心和毅力，一旦遇到挫折，情绪就会出现较大的波动，并且容易放弃。不过，他们也比较容易开心，遇到好玩的事，就会笑出来。他们比较随和，容易相处。

有的人在使用打火机时喜欢点大火。这样的人，喜欢戴高价位的珠宝、开豪华汽车，花钱方式好像没有明天。他们有时甚至会在信用额度用完后，拿着首饰上当铺。当然，他们是不在乎的。而且，他们比较大方，会因慷慨大方而受人喜爱，通常也因此无往不利。和他们相反，有人喜欢打小火。这样的人比较节省，对自己要求非常严格，也有很强的自制能力。

有的人喜欢用那些随用随丢式的打火机。这种人的生命中经常充满了千奇百怪的变化，而他们的人际关系得以持久的少之又少，因为他们讨厌需要时时留意照顾某人或某事。随用随丢式打火机容易操作，既方便又实用，

所以他们也是喜欢简单的人，做事也会大大咧咧。

有的人喜欢用银制或金制打火机。他们的个性和使用随用随丢式打火机的人恰恰相反，丢东西或抛弃某人，对他们而言实在是件难事，甚至使用期限已过了很久，他们还是舍不得丢掉。虽然他们喜欢沉浸在古董和有价值的艺术品中，但他们心中大部分的爱却保留给散置在身旁的小饰品。而且，他们喜欢稳定，会坚持留在某一个地方，在那里扎下稳固的根，对朋友和同事都有着特别深厚的感情。

有的人喜欢用电子打火机。这种人往往为人深思熟虑，做事有效率。他们坚持花最少力气完成别人交代的工作。为了节省时间、提高效率，他会用电动牙刷、电动擦鞋机、电动开罐器等。

有的人在点烟时喜欢用火柴，这样的人，总体来说，都是比较有个性的。有的人喜欢用一根火柴点两根烟。这样的人，通常是大男子主义者或女强人，他们喜欢点两根烟，然后毫不在乎地把其中一根交给另一个人，也不管对方是否抽烟。这种做法表现出此人拥有高超的社交技巧，而且能够沉静下来有效率地运用这些技巧。替别人做些小事使他觉得对方需要他。当然，他只要看到别人开始在为自己做事，就会有点儿紧张和不自在。

有的人喜欢使自己的火柴令人印象深刻。当他在帮别人点烟时，一定会让对方注意到火柴盒上时髦夜总会或餐厅的名字。当然，他是在创造一种重要的社会形象，因此，他的打扮毫无瑕疵，穿的绝对是设计师设计的衣服。然而，事情的真相是，他可能付不起这些时髦的行头，而且上俱乐部也经常只能点一杯苏打水，却乘机拿一大把火柴盒。

总之，在日常生活中，通过观察一个人是怎样用打火机或者火柴的，也可以判断出这个人的性格。

第六章

判断自信与优越感，
看这些肢体小动作

自信满满时常做肘部支撑动作

人在自信满满的时候通常爱做出肘部支撑动作，通过这些细节，我们可以更好地了解交流对象。

1. 展示自信与权威

支撑在椅子扶手上的双肘是力量的源泉，就像运动员起跑时用双脚踩在助跑器上一样。而手指姿势则形成了一把枪的样子，不断摆动的食指就是枪口的位置，仿佛一触即发。

办公室里，总裁坐在自己的位置上听取下属的工作汇报。他把双肘支撑在椅子的扶手上，双手手指交叉，而将两手的食指和拇指互相顶住。他的掌心虚空，在听取下属汇报的过程中，互相顶住的食指不断上下摆动。

这样的姿势常见于职场地位较高的人士，他们十分清楚自己手里的权力，并且希望别人也意识到这一点。当听取下属的谈话时，这样的姿势代表他们其实已经知晓了一切，或者认为一切尽在掌握之中。

2. 思想者的单肘支撑

我们都很熟悉罗丹的著名雕像——思想者。雕像塑造了一个强有力的男子。他弯着腰，屈着膝，右手托着下颌。深沉的目光和拳头触及嘴唇的姿态，表现出一种极度痛苦的心情。他的肌肉非常紧张，努力把身体抽缩成一团，这表明他不但在全神贯注地思考，而且沉浸在苦恼之中。

这是男性在经历痛苦的矛盾的思考的时候常常做出的动作，而女性则有另外的思考动作，比如，用一只手的手肘支撑在桌子上，而这只手的手掌微微握拳，伸出食指和拇指形成一个"八"字手势撑住侧脸，通常食指顶住的部位在太阳穴的位置。男性和女性的思考动作，最相像的地方就是单肘的支撑，他们都用一只手的手肘寻找到一个依靠点，用以支撑自己的头部——思考的部位。

女性单肘支撑的思考姿势相比起男性来说，削弱了力度感。女性会把更大的力量积蓄在内在的思考上。"八"字形手指姿势刺激着她的太阳穴，表示她在时刻提醒自己保持清醒。

3. 单手托肘积蓄力量

肘部支撑动作有很多种不同版本，但大部分都隐含着积蓄力量的意思。如果你发现一个女性在谈话时，用一只手在胸前托住另一只手的手肘，而另一只手则有比较大的手势动作，那么就表示她迫切地希望自己的观点能够打动对方。

被托住的手肘找到了支撑点，从而使得手臂能够更灵活地摆动，而手臂和手掌的动作也能够有更大的幅度。这种姿势好像把全身的力量都通过手肘输送到了那只活动的手臂上，所以它必然要利用这些力量摆出能够吸引别人的姿势，从而为自己的谈话增添士气。

可见，一个人做出了自信的肘部支撑动作，往往是他信心满满、积蓄力量的表现。

头枕双手，一切尽在掌握

高度自信的动作能够反映大脑的高度舒适感和绝对自信。你可以尝试下头枕双手这个动作，当你做这个动作时，是不是腰挺得很直？是不是有一种长高了的感觉？对，要的就是这种优越感。这是一种袒露胸脯、表现力量的体势。它代表着自信和无所不知，那些自我感觉高人一等，或是对某件事情的态度特别强势、自信的人，就会经常做出这个姿势，仿佛在对旁人表示"我知道所有的答案"，或是"一切都在我的掌控之中"。

头枕双手的姿势经常见于管理层的职员，刚刚晋升的经理也会突然开始习惯于做这个姿势，尽管他在被提拔之前很少这么做。通常是管理者在他们的下属面前做出这个姿势，很少见到面对自己的上级做出这个姿势的职员。

某公司职员们发现刚刚晋升的销售部经理突然间有了这样一个习惯动作：当他坐在自己的椅子上时，喜欢把头向后仰，然后用双手枕住，使得双臂弯曲折在脑后，形成一个类似于羽翼的形状。于是，很多职员偷偷笑他越来越有官相了。

晋升以前，经理并没有经常做出这种头枕双手的姿势，但新的地位却让他养成了这个习惯。由此可以证明，经理对他的现状感到满意和舒适，他感觉一切都在他的掌握之中。

头枕双手的姿势不仅可以显示出当事人自我感觉良好，还表明他想要获取支配地位的心态。研究还发现，男人更喜欢做出这种身体姿势。你和人交谈的时候，如果对方采用了这种姿势，那代表他的心里有高你一等的想法。通常他是想给你施压，或者故意营造出一种轻松自如的假象，以此麻痹你的感官，让你错误地产生安全感，从而在不知不觉中踏上他预先埋好的地雷。

生活中表现自信和掌控的体势很多，例如，双手放在背后并紧握，抬头挺胸，下巴微微扬起，这个动作表达的含义和头枕双手相类似。这个动作往往与权威、自信和力量相伴相随。摆出此种姿势的人是将脆弱、易受攻击的咽喉、心脏、脾胃暴露在你的视线之下，这样做显示了他无所畏惧的胆魄，他有一种"一切都在我掌握之中"的优越感。

在生活中，只有那些有着强烈的自信、"艺高胆大"的人才常做头枕双手、背手紧握等动作。他们将自己的胸脯袒露给你，正是想向你表明自己的信心和力量，这样的姿势强化了权力、权威的色彩。

碰触点越往上，越喜欢占有优势地位

一般来说，当你与他人交谈时，对方碰触你的方式和碰触你的位置不同，会呈现出不同的心态。通常碰触点越往上，表示对方越喜欢自己占有一定的优势地位。因此，我们可以根据对方碰触你的位置来观察、分析他人的潜藏心态。

1. 碰触前额以上的部位

我们经常可以看到妈妈轻抚孩子的头顶、轻拍后脑、摸摸额头等，做出这些碰触动作通常都是表示安慰、爱抚、鼓励或者激励。因此，在生活中，能对你做这些动作的多半都是长者，他们喜欢以老师自居，觉得自己社会经验丰富可以帮助你。这些动作通常是信任的表达。

2. 碰触胳膊或拉手

碰触你胳膊或拉你手的人，往往比较内向，骨子里有退缩的成分。但是他们希望与你有更多的交流，于是会透过蜻蜓点水的碰触来表达友好。

3. 碰触腰部

这种碰触方式除在情侣之间外是比较少见的。有些人可能在某些突发状况来临时，扶住你的腰部。这多半出于一种保护的心态。

还有一些令人迷惑的地方，那就是朋友之间经常会有勾肩搭背的动作，为什么他们感觉不到不适呢？这是因为他们对朋友敞开心扉、不设防。这样的接触是他们下意识地把熟识的人的这一表现看成是朋友间的友好表示，他们只是感觉关系更近了一步。

头靠椅背，双腿叉开，舍我其谁

家里来了客人，我们首先要请客人"上座"。殊不知，小小的坐姿有大学问，一个人的坐姿，由于是从小到大习惯的累积，从中可以看出一个人的性格和情绪。坐姿多种多样，有的人是不管何时都端坐直立；有的人身体前倾，靠近桌沿；有的人则是全身后靠，双腿叉开；有的人会小心翼翼地坐在椅子前部；有的人将屁股全坐在椅子上，还有的人干脆是悠闲地半躺在椅子上……这些坐姿都是判定他们心情的可靠依据。

在很多商业活动中，经常可以看见这样一幅场景：西装革履的买方远离卖方，然后靠在椅子或沙发上，双腿叉开，一副舍我其谁的样子。听着卖方在那儿不厌其烦地推销，看着卖方诚恳的笑容，他似乎胸有成竹，于是稍微咳了一声表示自己不准备买或接纳卖方提供的商品。由此可见，双腿叉开的坐姿展现的是开放、支配的态度，坐姿开放的人往往心中早有定见，他一般不会认同你的观点，只会相信自己。开放的坐姿也常见于领导身上，这表示对方自认占了上风。他们往往会尽量将身体往后坐，"怎么舒服怎么来"，这也表明他们较自信，处事冷静，不会轻易地改变决定。叉开的双腿表明他们乐于交谈，他们很外向，乐于听听你的想法，但是并不代表他们会轻易接受你的意见。

有时候，与人交流是没有硝烟的战争，如何读懂他人、取得他人的信任至关重要。看似随便的坐姿，好像是无心的臀部与椅子的接触面积，往往可以帮助我们解读出他人的性格和心理状态。让我们看看其他的坐姿传导出的信息吧！

1. 坐姿端正直立的人小心翼翼

这一类型的人往往小心翼翼、有条不紊、精力充沛。你会感觉他们就像是上足了一天的发条一样紧绷，毫不松弛。这样的坐姿也是礼貌和防卫的，他们没有对你完全开放。与之交流，你需要留给他们一点空间，让他们思索。

2. 坐姿封闭的人疲累抗拒

如果你的交谈对象把全身都后靠在沙发上，并且双腿并拢，这是他疲累抗拒的表现。这种封闭的坐姿表明对方还不认可你的话，他想搞清楚一些状况，但是没有头绪。他尝试着用舒服的姿势继续抗拒你的观点。

3. 全身歪一侧的人心中不满

交谈中你会发现，有些人坐着坐着，全身就歪向了一侧，他们将身体重重地靠在沙发扶手上，这是他们心中对你极度不满的表现。他们往往是对你谈话的内容感到不耐烦，觉得你浪费了他们的时间。有的时候，这样的姿势还会配合着手掌撑着下巴，有时会握拳，这都表明他们听累了，听烦了。这类人喜欢新鲜感，如果你的说辞没有新鲜感，他们会直接表明不想再听。

4. 身体前倾贴近桌沿的人马上投降

如果你的谈话对象出现身体前倾，上身贴近桌沿的身体语言，这表明他正全神贯注地聆听你的话，脑子里正高速地思索着你提出的问题，并且你已经快打动他了。他也许也有点想拒绝，但是找不到说服自己的理由。

5. 浅坐椅子的人小心翼翼

有些人即使是在熟悉的环境中坐着，也会像当兵一样只坐椅子的前三分之一。这类人通常在生活上严谨、规律，但欠缺精神上的安定感。与这样的人交往，你会发现，他总是无意识地表现着不如你的弱势。对于持这种姿势而坐的客人，如果你同他谈论要事，或托他办什么事，还为时过早，因为他还没有定下心来，好像随时都会逃跑一样。

6. 坐满椅子的人信心十足

有些人在接触到椅子后，会尽量后坐，臀部占满椅子的所有面积，两手放在肚脐的位置。这类人往往信心十足。他们坚毅果断，一旦考虑了某事，会立刻行动。他们的独占欲望很强，你和他交流之后会发现，他甚至会干涉你的想法。

7. 半躺椅子上的人怡然自得

如果你的交谈对象半躺在椅子上，双手抱于脑后，摆出一副怡然自得的样子。你就可以肯定他朝气蓬勃，积极热情，豪爽奔放，他干任何职业仿佛都能得心应手。但他比较自负，好学却不求甚解，做事比较急躁。

总之，了解一个人身体坐姿的含义，除可以帮助你和对方进行顺畅的交流外，还可以让你更快地走进他人的内心世界。

竖立的大拇指，往往表示自视甚高

千百年来，大拇指一直都被当成是权威和力量的象征。古罗马时代，贵族蓄养战俘或者奴隶为角斗士。这些角斗士互相打斗，甚至和野兽搏斗。胜利者接受贵族的赏赐，而失败者则由斗兽场的观众决定他的生死。而决定的手势就是握拳伸出大拇指，如果大部分人将大拇指竖立起来就表示对他的赞赏，同意留他一命，而如果大部分人的大拇指向下，这个角斗士就要被杀死。所以竖立的大拇指除了表示对对方的赞赏，还有一种自我贵族身份的炫耀感。做此手势的人也相当自信，觉得自己很棒。

林律师又打赢了一场官司，委托人设宴答谢他。酒过三巡，林律师左手端着酒杯，右手对自己竖起了大拇指说："不是我吹牛，没有我拿不下的官司。"在场人都连连称是。

从上面这个例子可以看出，酒后的林律师失去了一贯的谦虚风度，而把自己的真实内心展现了出来。他竖起大拇指指向自己，代表他在内心对自己的认同感很高。在手相术里，拇指代表的是力量和自我，而与拇指有关的肢体语言也通常带有自视甚高的意味在里面。人们习惯用拇指来体现自身的强势地位，以及胸有成竹的自信心理或是带有侵略色彩的勃勃野心。

可见，大多数情况下，大拇指可以表达对自己的尊敬，也可以表达对别人的赞赏，它的含义是积极而正面的。大拇指代表了一种自信，而男人们总是在潜意识里寻找着机会露出大拇指。不过，在众多肢体语言当中，大拇指的动作属于二级语言，通常需要配合其他动作或手势来使用和理解。通常情况下，大拇指的动作都是褒义的，或是带有正面效应的。

1. 双臂交叉抱于胸前，将双手的拇指露在外面且保持向上竖立的姿势

如果某人在双臂交叉的同时，露出向上竖立的大拇指，那么就表示此人内心的优越感极强，而且相当有自信，认为情况都在他的掌握之中。而且他并不介意人们意识到这一点，相反他倒是很希望别人注意这一点。所以在他说话的过程中，他会活动他的大拇指以引起对方的注意。通常在说到重点内容时，他的大拇指活动的幅度会格外大，用以提醒对方。

交叉的双臂则能够保护自我，给他安全的感觉。而拇指向上的手势代表做该手势的人十分自信。这就使得这个动作包含了双层含义，既说明做此动作的人存在防备或否定的心理，又通过外露的拇指体现出了此人的优越心理。而当他们处于站立的姿势时，他们往往也会以脚跟为轴心，前后摆动身体。

2. 双手插入衣服或者裤子的口袋，而把拇指留在外面

这种动作很常见，凡是感觉自己高人一等，或是处于优势地位的人，无论男女，都会在不经意间做出这样的动作。比如，老板们在员工面前会使用这一动作，但下级通常不大敢在老板面前摆出这样的姿势。

男人们更经常使用这个动作是因为他们很早就着裤装，而女性则基本是以无袋的裙装为主，直到后来女性们开始着裤装，并且在社会中获得越来越多的权利，这些动作才开始在女性中流行起来。具有女权主义倾向的女性更常使用这个动作，她们的意思是要表明男女的平等。

然而，竖起的大拇指也不是所有时刻都能表达一种正面的含义。比如，用拇指指向别人往往表示一种嘲讽、奚落的不敬之意。男人们在向朋友抱怨自己唠唠叨叨的妻子时，就经常使用这个手势。他会用大拇指指尖指向妻子，然后说出一些抱怨的话。在这种情况下，丈夫晃动的大拇指表示的就是一种奚落妻子的意思。因此，这种用大拇指来指向对方的手势通常会勾起女性的怒火，尤其当做这一手势的人为男性时。尽管女性有时候也会用这样的手势来指向自己不喜欢的人，但总体而言，其使用频率比男性要低得多。可见，竖起的大拇指也不一定总是赞扬的意思。

把双手放在臀部两侧，表明信心十足

孩子们在和父母辩论的时候，运动员在比赛开始之前，拳击手在拳赛开始之前，以及那些警告别人擅自闯入自己地盘的人，通常会做出这样的动作姿势，即把双手放在臀部两侧。这是一种使用非常普遍的方式，是用来告诉你，他们信心十足，已经做好行动的准备了。同时，这种动作姿势还能使他们占据更多的空间，并且能够把突出的手肘作为武器，使你不敢靠近或是从他们身旁经过。

当一个人在把双手放在臀部两侧的同时，还稍微向上提起自己的手臂，这实际上是在向你暗示：你尽管放马过来吧，我一点儿也不惧怕你，因为我已经做好了迎战准备。有些时候，即使把一只手放在臀部也会暗示出同样的信息，尤其是当一个人用手指指向想打击的目标时更是如此。这种姿势的含义在世界各地是大同小异，但在马来西亚、菲律宾等地，这种姿势带有更强烈的怒意或是义愤填膺的意思。

现在，行为学家将"双手放在臀部两侧"统称为"做好准备"，即动作发出者信心十足，已经做好了行动的准备。不过有些时候，这种姿势又被叫作"成功者"姿势，特指那些准备克服万难或者是准备采取行动的目标性很强的人。很多时候，男性也喜欢在异性面前使用此种姿势来表现自己信心十足的男子汉气概。

正因为"做好准备"这一姿势具有较为丰富的意义，所以我们在判定这一动作姿势的具体含义时，不能搞"一刀切"，而应考虑施动者做出这个动作时的具体场合，以及他在做这个动作之前所做的其他动作。只有这样，你才可能明白施动者做出这一动作的真实含义。比如，此时施动者的大衣是敞开到身体两侧，还是扣上的呢？如果是扣上的，则说明此人现在情绪可能比较低落；如果此人的衣服是打开的并直接敞到身体两侧，则说明此人目前情绪状态较为亢奋，具有较强的攻击性。如果此人在保持敞开衣服状态的同时，把双脚张开，牢牢地直立在地面上，或是双手紧紧握拳，那你就得格外小心了，因为此人的这些姿势表明，他已经做好了攻击的准备。

有些时候，专业模特会特意借用这种具有侵略意味的动作组合来展现野性和霸气，这更能体现出时尚、摩登、另类的特点。另外，在某些情况下，有的女性仅仅把一只手放在臀部，而另一只手却做出一些其他动作，这往往能引起异性的注意。恋爱中的女性就尤其喜欢使用此种姿势来突出自己的女性魅力，进而让男友时刻注意到自己。

第七章

認可还是否定，
看这些肢体小动作

不停点头往往不是赞同

点头是最常见的身体语言之一，它可以表达自己肯定的态度，从而激发对方的肯定态度，还可以增进彼此合作的情感交流。点头能够表达顺从、同意和赞赏的含义，但并非所有类型的点头姿势都能准确地传达出这一含义。点头的频率不同，所代表的含义就有可能不同。

缓慢地点头动作表示聆听者对谈话内容很感兴趣。当你表达观点时，你的听众偶尔慢慢地点两下头，这样的动作表达了对谈话内容的重视。同时因为每次点头间隔时间较长，还表现出一种若有所思的情态。如果你在发言时发现你的听众很频繁地点头，不要得意，因为对方并非就是赞同你的观点，他很可能是已经听得不耐烦了，只是想为自己争取发言权，继而结束谈话。

刚刚大学毕业的明宇去一家单位面试，负责面试的是一个年轻女孩。问了几个常规问题后，她话锋一转问起明宇的兴趣爱好。明宇很喜欢法国小说，就张口雨果闭口巴尔扎克地和她聊了起来。年轻考官好像对此很感兴趣，对他不住地点头，明宇仿佛受到了鼓舞。话题轻松，聊的又是明宇的"强项"，他有些有恃无恐，觉得自己刚进大学那阵子猛啃过一阵的欧洲小说还真是帮上大忙。见考官大人这么有兴致，明宇当然奉陪。眼看临近中午，年轻的面试官不住地点头，不停地看表，明宇还没有停下来的意思，原定半个小时的面试，他们谈了一个多钟头。面试结束，考官乐呵呵地说："回去等消息吧。"明宇也乐呵呵地说："希望以后有机会再聊。"可明宇最终也没有等到复试的通知。

从这个例子可以看出，听众在你发言的时候不停地点头，往往不是对你说的话十分赞同，而是觉得你说话太啰唆，他只是想借助这个动作让你不用再多说。明宇在表达的时候不顾及他人的肢体语言传达出的感受，一厢情愿地侃侃而谈，如此会错意又怎么会有好的谈话效果？同时，心理学家的实验证实，当对方做"点头如小鸡啄米"这个动作时，即当他快速地点头的时候，他其实很难听清你在说什么。在被父母唠叨的小孩子身上也能经常见到这样的动作，当父母说"你不能……"的时候，孩子会频频点头，嘴里叨念着"知道了，知道了"。这样的动作表明孩子恐怕真是答应得快、忘记得更快了。

如果对方是真正赞同地点头，他会在你说完话后，缓慢地点一下到两下头，这表示他是在用心听你说话。如果他希望你继续提供信息，他会在你谈话停顿时，缓慢而连续地点头，这表明他是在鼓励你继续说下去。点头的动作具有相当的感染力，能在人的心里形成积极的暗示。因为身体语言是人们的内在情感在无意识的情况下所做出的外在反应，所以，如果他怀有积极或者肯定的态度，那么他在你说话的时候就会适度点头。

笑不露齿是在礼貌地拒绝

笑是人类与他人交流的最古老的方式之一。而微笑作为一种受到最广泛理解的正向性表情，在所有的文化语境里，人们都用它来表示高兴与快乐。正因如此，心理学家把"微笑"视为人际交往中的一种"通用货币"，无论是何种文化背景下的人，它都可以付出，也可以接受。

一项针对人类近亲黑猩猩所展开的研究显示，其实微笑的功能并不仅仅在于此，它还有更深层次的作用。我们利用微笑告诉其他人，自己不会给他们带来任何伤害，希望他们能够接受自己。但是，真正了解微笑，掌握微笑内涵的人并不多。

晓芳是一位儿童用品销售高手，她这一天中见到的第五个客户是林女士。这位女士气色红润，看起来平和温婉。晓芳简单说明意图，向她阐明产品的功效，林女士并没有打断晓芳的滔滔不绝，她只是微笑着耐心听完。可是，任凭晓芳怎么下定决心说服她，林女士就是不为所动，只是牵动嘴角一丝微笑。无奈，晓芳只好放弃。

古代讲究女孩要笑不露齿，是出于礼貌的要求。实际上，不露齿的微笑属于隐藏式微笑，也是一种防卫姿态。如果某人对你只是微笑，什么都不说，这表示他不想和你分享他的感觉和想法，是一种内敛的拒绝，一有机会，他也许就会借口离去。这种人性格内向、保守、传统，在为人处世时又会显得腼腆，遇事会以礼貌的微笑婉拒。

不同的笑容代表不同的含义，这和笑容的展现方式有关。让我们来看看不同笑容所代表的含义。

1. 常见而普通的笑

这类笑在日常生活最为常见，通常是表示谢意、歉意或友好，如坐车时你给老人让了座位，他会对你抱以浅浅的微笑，以示感谢；别人不小心碰撞了你，他会面带微笑地看着你，以示自己的歉意；当朋友为你介绍某一个人时，你会面带微笑地看着对方，以示自己的友好。诸如此类的微笑还有很多很多。

2. 冷冷的鼻笑

所谓鼻笑，即笑声从鼻子里发出来。多见于一些人在严肃、正式的场合看到了可笑的人或事，但又不能哈哈大笑出来，而只能强行忍住，通过鼻子发出来。此外，一些性格内向的人也喜欢使用此种笑的方式。他们之所以偏爱此种笑的方式，根本原因就在于他们担心自己笑的方式如果过于夸张会引起他人的注意，这会让他们感到非常不舒服或不自在。

3. 暗自偷笑

所谓偷笑，顾名思义，是指私底下窃笑，笑声较低也不长。多见于某人看到一件事情有趣而可笑的一面，而其他人却浑然不觉。不过，有时候，一些人在看见别人遭到批评、失败，或是处于某种尴尬情景之中时，他们也会发出此种笑。所以，偷笑有时又有幸灾乐祸的味道。

4. 轻蔑的笑

此种笑多为人们所鄙视，但在生活中却很常见。笑时鼻子朝天，一副"自以为天下第一"的表情，并轻蔑地看着被笑的一方。那些有权有势、高傲或自视甚高的人在看见权势低下或地位卑微的人往往会发出此种笑。此外，在某些特定的情况下，正义的一方在面对邪恶力量的威胁、恐吓时也会露出此种笑，以示对他们的鄙视、轻蔑之意和自己勇敢、大无畏的精神。

5. 哈哈大笑

一种非常爽朗、豪放的笑，在生活中也十分常见。当你遇到非常高兴的事，或是终于实现了自己的某个理想、愿望时，你通常会发出此种笑声。不过，有些时候，此种笑声带有一种威压感，会震慑他人，从而使人心生戒备。

人类的笑多种多样，笑是一道闸口，宣泄着人类几乎所有的情感。有时，笑是一种境界、一种感悟、一种智慧。读懂一个人的笑，你真的可以知道他在想什么！

从眼镜上方看人，是拒绝交流的表现

许多影视剧里都有这样的画面：犯错的年轻女孩低眉顺眼地站立着，一个保守、严厉的老学究从镜框上方打量着她，久久不说话……如果你遇到眼神从镜框上方延伸出来的人，这表示他对你所说的话充满了怀疑，他希望可以从你的情绪反应中证实你说话的可信度，这是对你审视的表现。

眼神分为很多种。从眼镜上方透出的眼神往往是冷冷的，带着拒绝交流的味道，是一种不太客气、心怀戒备的注视。一般来说，从镜框上方看人往往不是正视，而是习惯用斜上方的目光看人或是余光扫视，这样的人一般都是刻板、保守、斤斤计较、心存鄙视的人。他的目光表露出来他轻视一切、怀疑一切，甚至有一些人带着性格上的缺陷。这样的人眼神也可能变成指点，如果你从他的身边走过，他往往先看看你的头，又看看你的脚，可能还轻轻地撇撇嘴，那么他的眼神就是在指责你，你的动作引起了他的不满，他叫你注意一些。当然，也有一些戴着老花镜的人，仅仅是为了从眼镜上方看清外面的世界，这样的人不在此列。

米歇尔·阿基利认为，一个人在与他人进行交谈的过程中，视线朝向对方脸部的时间占双方谈话时间的30% ～ 60%。因此，在面对面的交流中，他人的目光转换动作能让你轻易了解他是个什么类型的人。

1. 目光左右移动是缺乏安全感的表现

内心缺乏安全感的人，他们的目光常常左右移动，这说明他们的生活正处于不安的状态，这样的状态让他们感觉到不舒服。这些人常常感觉缺乏自信，他们习惯自欺欺人，严重者甚至有被迫害妄想症。

2. 目光总是不规则移动是不怀好意的表现

如果有人在和你交谈的时候，他的目光总是不规则地移动，这会让你觉得他是一个不正经、不可信或心怀叵意的人。你的感觉很可能是对的，有上述行为的人也许正准备设下圈套来陷害你。如果他是你的亲友，也许他是在盘算着搞一场恶作剧来使你上当。

3. 翻白眼的怪异目光是怀疑和轻视的表现

在和你谈话的过程中，如果对方时不时地翻白眼并且用怪异的目光看你，或者忽然间用锐利的目光盯着你，这表示他对你有所怀疑或轻视。他们想通过这样的目光来检测你的情绪反应，从而证实他对你的猜测。还有一些性格有缺陷的人，也习惯用怪异的目光看人。

总之，了解了人类的心灵之窗，你就可以最大限度地接受别人眼神传递出来的信息，在他人的视线注视下更加轻松自如。

扬起的眉毛，代表怀疑的心理

眉毛的主要功用是防止汗水和雨水滴进眼睛里，除此之外，眉毛的一举一动也代表着一定的含义。可以说，人的喜怒哀乐、七情六欲都可从眉毛上表现出来。

毕业论文答辩会上，小吴发现自己在陈述时，一位评分教授的一条眉毛一直上扬。这一动作让小吴分外紧张，她开始强烈地怀疑自己的论文水平。答辩结束以后，很多同学都说到了一条眉毛上扬的教授。看来这位教授在听每个人的答辩时都眉毛上扬。

如果这位教授只对小吴做出了这个表情，那么表示他是在怀疑，可能是因为他并不认同小吴的论点。但所有的同学都开始反映这个问题时，眉毛上扬的动作很可能就只是他的一种习惯。两条眉毛一条降低，一条上扬，它传达的信息介于扬眉和低眉之间。如果你遇到一条眉毛上扬的人，表示他的心理通常处于怀疑的状态，也说明他正在思考问题，扬起的那条眉毛就像是一个问号。

每当我们的心情有所改变时，眉毛的形状也会跟着改变，从而传递许多不同的重要信号。眉飞色舞、眉开眼笑、眉目传情、喜上眉梢等成语都从不同方面表达了眉毛在表情达意、思想交流中的奇妙作用。观察对方眉毛的一举一动在第一次见面时就可以把对方的性格猜个八九不离十，你若是一个细心的人就很容易捕捉到以下细节。

1. 低眉

低眉是一个人受到侵略时的表情，防护性的低眉是为了保护眼睛免受外界伤害。

在遭遇危险时，光是低眉还不足以保护眼睛，还得将眼睛下面的面颊往上挤，以尽最大可能提供保护，这时眼睛仍保持睁开并注意外界动静。这种上下压挤的形式，是面临外界袭击时典型的退避反应，眼睛突然被强光照射时也会有如此的反应。当人们有强烈的情绪反应，如大哭大笑或感到极度恶心时，也会产生这样的反应。

2. 眉毛打结

指眉毛同时上扬及相互趋近，和眉毛斜挑一样。这种表情通常代表严重的烦恼和忧郁，有些慢性疼痛的患者也会如此。急性的剧痛产生的是低眉而面孔扭曲的反应，较和缓的慢性疼痛才产生眉毛打结的现象。

3. 耸眉

耸眉可见于某些人说话时。人在热烈谈话时，差不多都会重复做一些小动作以强调他所说的话，大多数人讲到要点时，会不断耸起眉毛，那些习惯性的抱怨者絮絮叨叨时就会这样。如果你想通过对方的面部表情了解一些潜在的信息，眉毛就是上佳的选择。

4. 轻抬眉毛

《老友记》里的主人公之一乔伊，因其丰富、幽默的面部表情而给观众留下了深刻的印象。他不善言辞，经常话到嘴边却不知道用什么词语来表达，但他丰富有趣的面部表情却准确地传达出了自己的想法，仅仅是眉毛上的动作就有很多种。当他遇到自己心仪的美女时，他会微笑着，轻抬一下眉毛，不用说话，对方就知道他对自己有好感。

轻抬眉毛的动作从远古时代就已经广泛使用了，当你向距离稍远处的人打招呼的时候，你会不由自主地使用这个动作：迅速地轻轻抬一下眉毛，瞬间又回复原位。这个动作可以把别人的注意力吸引到你的脸上，让他明白你正在向他问好。

眉毛虽然只是人面部一个很小的部分，但作用却很大，它的一动一静，都会在无形中透露你的心境。

双手托腮，心事重重

以手托腮的动作是一种替代性行为。用自己的手，代替母亲或是情人的手，来拥抱自己或安慰自己。在精神抖擞毫无烦恼的人身上，通常是看不到这样的动作的。只有那些内心不满、心事重重的人，才会托着腮沉浸在自己的思绪中，借此填补心中的空虚与烦恼。这样的人往往热衷于幻想，喜欢任自己的思绪漂浮在世俗之外。

如果你眼前的人，正用手托腮听你说话时，那就表示他觉得话题很无聊，你的谈话内容无法吸引他。或者他正在思考自己的事，希望你听他说话。而如果你的恋人出现这样的举动，就表明也许他正厌倦于沉闷的聊天，希望你给他一个热情的拥抱呢！

倘若平日就习惯以手托腮，表示此人经常心不在焉，对现实生活感到不满、空虚，期待新鲜的事物，梦想着在某处找到幸福。想要抓住幸福，不能只是用手托着腮幻想而什么都不做。守株待兔便是对这一类型的人最佳的描写。有这种个性的人在谈恋爱时，会强烈渴望被爱，总是祈求得到更多的爱，很难得到满足，处于欲求不满的状态。从另一个角度来看，这种人因为觉得日常生活百无聊赖，而惯于沉浸在自己编织的世界中，偏离了现实世界，脑中净是浪漫的情怀，与之交谈，往往会有一些意想不到的有趣话题出现。

双手托腮、喜欢幻想的他就像一个爱撒娇的孩子，他随时需要呵护，但对他过于溺爱也不是好事。拿捏好尺度，适当地满足他的需求才是上策。而经常做出托腮动作的人，除了要自我检讨这种行为是否因内心空虚产生的反射动作，也应尽量充实自己，减轻内心的痛苦，试着通过心态的调整，改善表露在外的肢体动作。

生活中，我们还可以看到一只手抚腮，一只手扶着另一只胳膊的人。这样的人戒备心理很强，大多数在幼儿时期没有得到父母充分的爱，例如，母亲没有亲自喂母乳、总是被寄放在托儿所、缺乏一些温暖的身体接触等。在这种环境之下长大的人，特别容易出现这种审视他人的身体动作。如果谈话对象在和你交谈的过程中，经常以这样的姿势面对你，那么表示他对你的话有所怀疑，对你的话题也没有多少兴趣。

有的女演员在电视剧中常摆出双手托腮或单手托腮的姿势，因此她给观众的感觉，绝不是亲切坦率的邻家小妹，而是高不可攀的淑女。她不是那种会把感情投入对方所说的话题中，陪着流泪或开怀大笑的类型。她心中似乎永远都藏有心事，热衷于幻想。

总之，如果你的谈话对象总是习惯用双手托腮或用单手抚腮，并且显出一副心事重重的样子，那么他多半是热爱幻想、喜欢浪漫的人，你要想和这种人成为亲密的朋友，可能还要花上一段时间。

做出稍息姿势时，说明他想结束谈话

双腿远离头部，因此人们对它们投入的注意力往往很少。殊不知，人的腿部动作是丰富的信息源，能够泄露出人们内心的秘密。想象一下，如果你是个十分健谈的人，你正对朋友滔滔不绝地描述最近一次出国的经历，而他要赶着参加一个同事的婚礼，你兴致正起拉着他不放。你能猜到他会是什么姿势吗？是的，他会做出"稍息姿势"，即把身体的重心放在一条腿上，这是一种意图线索，表明他想要告辞了。

用一条腿支撑身体的重量的姿势有助于我们判断一个人当下的打算，因为休息的那条腿，脚尖所指的方向，往往是离他最近的出口位置。如果你在和他人谈话时发现他改用了稍息姿势，那就表示他想结束谈话，他要离开了。

除了稍息姿势，还有其他的身体语言表明谈话者想终止谈话、想要离开的意愿。

1. 起跑者的姿势

起跑者的姿势也传达出想要离开的愿望。表达这种愿望的肢体语言包括身体前倾，双手分别放在两个膝盖上，或者身体前倾的同时两手分别抓住椅子的侧面，就像在赛跑中等待起跑的运动员一样。这时你如果注意观察他的双脚，就会发现他们前后分开，一只脚前脚掌着地，脚跟高高抬起。在你和别人交谈的过程中，只要你看到他做出这样的动作，就可以断定他此时想要离开了。他的身体分明在说：预备，脚踩在起跑线上，我要告辞了……

2.两腿交叠，频繁地交换在上方

这种情形在开会时常见，通常他们的腿是交叠的，频繁地交换在上方，一会儿这条腿压在了那条腿上，一会儿又那条腿压在了这条腿上，看起来有点像"尿急"的感觉。这是他们想要赶快结束，着急离开的标志。

3.两腿交叉，手脚打拍子

两腿交叉和着手脚的拍子，显出了他们的焦急内心，他们的身体语言分明是在对你说：快点吧，快点结束吧，我要走了，再不快点，我要逃遁了。

总之，很多时候人们出于礼貌不会直接说想要离开，但他们的腿部语言不会说谎，如果你看不懂他们身体的这些"明示"，很可能会被归类在不识相的白目一族里。如果你发现对方这些硬撑下去的动作，那你要识趣一点，及时结束自己的长篇大论。

第八章

坚定还是动摇，
看这些肢体小动作

摸纽扣摸袖口的动作有了，事也就成了

如果你做过销售人员，你也许会有过这样的体会：当你的客户开始摸袖口，你会在心里喊，咔！我快成功了。这时你往往会选择停止说服，留一点儿空当给客户思考。因为你清楚，当谈话对象开始摸袖口，这表示他在心里开始动摇了，他基本已经认可你的谈话内容了。

一般来说，如果你是个有经验的销售员，你一定不会一直喋喋不休，你会留心观察谈话对象的肢体语言，这既可以避免引起别人反感，又可以及时发现客户被劝服的信号，从而达到谈成业务、卖出产品的目的。在生活中，我们可以从下面这些身体语言中，捕捉到对方内心开始动摇的信号。

1. 摸袖口，摸纽扣

如果你发现，和你交谈的对象开始出现摸袖口摸纽扣的动作并伴有若有所思的表情，这基本可以肯定对方已经卸下防卫，他内心开始动摇了。一般情况是，对方坐在你面前，手肘靠在桌上，或是将手臂放在椅子上，再用一只手的手指轻摸袖口和纽扣。这表明他正在考虑你所说的话，这种姿势是在告诉你："你说得好像蛮有道理呢，我再想想……"如果你遇到这样的情况，就可以采取下一步的措施了。不过，你需要注意的是对方手上的动作是否缓慢轻柔，如果是频繁动作，伴着焦躁的神情，你就要考虑对方是不是不耐烦了。

2. 手心向上，拿笔等待

当你的交谈对象很自然地拿起了笔，像是等待记什么东西的时候，如果你注意观察，就会发现此时他的手通常是手心向上的。或者是他手边没有笔，可是他的身体也不自觉地做出这样的拿笔动作，这就表示，你的话

产生了作用，他内心开始动摇，对你也没有戒备了。

3. 露出前颈，微张嘴巴

颈部是人类比较脆弱的地方，也是人类最容易受到攻击的部位，所以人在潜意识里都有保护颈部的欲望。如果你发现，和你交谈的人在不知不觉的状态下露出了前颈，并伴有微张嘴巴的身体动作，你就该明白这是他心里开始动摇的标志，也是对你示好的表示。他认为你安全、可靠，值得信任。

4. 模仿你的动作

你做了一个手势，他也跟着你做了同一手势，这是他在模仿你。当对方开始有意无意模仿你的动作时，表示你对他有一定的影响力，他对你甚至有些崇拜和敬重，你的话更是在他的心海里荡起了涟漪。

5. 和缓点头

这种点头，不是指点头如鸡啄米似的那么快而频繁，而是和缓自然的，这是表示赞许、信任、内心契合的点头。通常，他会选择在你一句话未结束时就开始和缓地点头，并伴有嘴角微微上扬的表情。这就表示你已经掌握了他的需要，你的话已经起了作用。

总之，如果你想更多地嗅出对方散发出来的动摇味道，你就需要读懂他们的身体暗语。

视线开始游移，说明内心出现不安

在日常生活中我们经常能遇到这样的情形，当你遇到一个眼神飘忽不定、东张西望的人，你会感到他忧心忡忡。甚至你会觉得他心中可能隐藏着某事，或者是背着你做了对不起你的亏心事。这种担心是有科学根据的，就心理学而言，游移的视线往往会暴露内心的不安，往往是对方不愿意让你看到内心映射的表现，即他的心中隐藏着不想被你知道某事的可能性非常大。

主持人挑战赛第九场，挑战者正在进行电视演讲。观众们发现2号挑战者的眼神左右游移，这使得他像在东张西望一样。这种动作和表情引起了观众的反感。事后，记者对他进行了采访，他说："我太紧张了，心里很不安，眼睛有些不知道往哪看了。"

挑战者在演播厅的举动是因为他内心很紧张、不安，而他又想和观众保持眼神互动交流，所以不停地转换视线，以求跟更多人视线汇合。但他的动作由电视信号传递出去，更多的场外电视观众就会认为他的眼神很不规矩，东张西望的神情也令人生厌。

视线的游移往往是人内心活动的反映。在与人交谈的过程中，如果遇到东张西望的人，你该多留意一下他的视线变化，或许你可以从中了解到更为真实的东西。要知道，东张西望所透露出来的内心独白是："外部环境很陌生，我需要认清它并找到安全逃跑路线。"如果你不相信，可以看看动物的反应。很多动物被带到一个陌生的环境中，它们的视线就会上下左右四处扫视。而且动作相当明显，甚至伴有头部转动的动作。而一旦受到惊吓，它们会立刻循着自己刚刚锁定的路线奔逃，一刻也不迟疑。这证明它们在东张西望时就已经安排好逃跑路线了。人类在新的环境中的环视动作比动物的表现隐蔽得多，但摄像机还是能记录这些不安的眼神。所以，东张西望的神情是人们对于眼前的人或事缺乏安全感的表现。

　　游移的视线在很多时候是内心不安的表现，这里也有一类更为特殊的群体。在医学上，有些人被称为"视线恐惧症"患者，他们在与别人发生视线接触后，往往会立即转移自己的视线。因为他们觉得对方的眼光过于强烈，这让他们感觉非常不舒服，所以自己的眼睛会不由自主地东张西望。与此同时，他们心里也处于一种矛盾的状态之中，一方面他们想如果与对方进行对视，会不会使对方感到不快，另一方面又想自己若是进行视线转移，对方会不会看透自己的内心。在这种进退两难的矛盾状态之中，他们越是焦急不安，眼神越会左右游移，强烈不安的心理情绪就越严重。一般来说，此种类型的人，他们之所以会产生"视线恐惧症"，归根结底，是因为他们缺乏自信心。他们往往是通过别人眼中反映出的自己来认识和确认自己的存在与价值。

　　生活中，还有一些其他的视线可以传达不同的信号。例如，瞳孔偏到一旁的目光伴随着压低的眉毛、紧皱的眉头或者下拉的嘴角，那就表示猜疑、敌意或者批判的态度。你在公司会议上发表见解时，如果发现你的老板和同事大多用这样的视线来看你，那你就得警醒了。可能是他们对你本身有意见，或者对你的说话内容表示不屑。不管是哪一种，你的主张都没有办法打动别人。而女人们通常喜欢用这种视线表达感兴趣的意思。同时伴有眉毛微微上扬或者面带笑容，那就是很有兴趣的表现，恋爱中的人们经常将之作为求爱的信号。

　　眼睛这扇天窗时刻都在向外界传播着内心世界的种种信息。下次，当你看到有人不停地左顾右盼，目光游移，那么你就可以断定，他的目光是在告诉大家："我内心不安"或"心怀不轨"。

自我拥抱，自我安慰

很多人在面对压力的时候，会将手臂交叉并反复用双手摩擦肩膀，好像很冷的样子。看到这样的动作，我们会联想到母亲抱住孩子的情形。这是一种能产生安全感的动作，它能让人感到平静。拥抱自己这一动作常见于女性，当她们沮丧、害怕的时候，常常把自己抱住，身体上的亲密接触可以使她们消除恐惧，获得安全感。随着年龄的增长，成年人不能像小孩子一样再向别人索求拥抱。这是当她们得不到亲人朋友的安慰时，采取的一种自我安慰的方式。

职场新人小媛上班第一天就遭到了老板的责骂，她沮丧地回到家里，把自己关进卧室，双手抱膝坐在床上，并且把头紧紧地埋在臂弯里。这样蜷缩成一团的姿势让她的身躯显得格外娇弱。

在遭受挫折或者遇到悲伤的事情时，有些人通常会采取这样的姿势来安慰自己。这种给自己的拥抱是对童年记忆的一种回忆，在他们的幼年时期，如果遇到难过的事情，或者处于一种紧张的气氛中，他们的父母或看护人就会将他们拥进怀中，用温馨的怀抱舒缓他们悲伤、不安的情绪。长大以后，当他们感到紧张不安的时候，他们常常会模仿长辈的动作来安慰自己。比如，上文中的小媛就是这样，在完全私人的场合里，她的身体语言很明显地表达出了她的内心独白，此刻的她极需要一个温暖的怀抱，就像小时候妈妈的怀抱一样。

一般来说，我们很少能看到成年人在公开场合做出明显地拥抱自己的动作，比如，双臂交叉，紧紧抱于胸前，或者像上文中的小媛的蜷缩怀抱姿势，因为在公开场合这样做会让所有的人都看到他们内心的脆弱与恐惧。

如果你与女性接触，会发现她们往往会用一种更为隐晦的方式来替换这种过于明显的肢体语言，如单臂交叉抱于胸前的姿势。这是一种隐晦的自我拥抱，她们只使用一只手臂，让它在身体前部弯曲后抓住另一只手臂，从而在自己与他人之间形成一道障碍，拒绝他人靠近，看起来就好像是在拥抱自己，其实这也是给她们缺乏安全感的心灵带来一丝安慰。

我们在车站等候处或者电梯等场合经常见到有人做出拥抱自己的动作，因为这些场合通常围绕在身边的都是陌生人。在这种情况下你会发现，女性会更容易产生强烈的不安全感，她们会紧紧地拥抱自己。另外，在参加一些社交活动或工作会议时，也常见有人做出这种动作。因为这种姿势可以让他们与其他人保持一定的距离，表露出施动者内心的不安与缺乏自信。

拍案而起与手势下劈体现威慑力

拍案而起，是指用手猛地一拍桌子然后愤然站起来，形容非常愤慨。"拍案而起"这个词现在屡见报端，一般都是形容一些领导人对某些大事件、突发事件以及民愤极大又没有得到良好解决的事件的愤怒心情和行为，也体现了这些领导亲民、爱民的胆识、魄力和疾恶如仇的性格。在现实生活中，如果交流对象冲你拍案而起，这表示他很愤慨，并想显示自己的威慑力。

一个人做出拍案而起的动作，多是在他感觉人格和尊严受到侵犯的时候。此刻他觉得不应该再临阵退缩，于是拍案而起，想给人以迎头痛击。与之伴随的往往还有手势下劈的动作，通常会给人一种泰山压顶、不容置疑的感觉。使用这种手势的人，一般都是地位高高在上，性格有些自负的人。他们的能力很强，他们的观点和决定不会轻易容许人反驳。伴随着这个动作的意思是"就这么办""这事情就这样决定了""不行，我不同意"等话语。

日常生活中，大家常遇到这样的上司，他们在讲话时，为了强调自己的观点，显示威慑力，通常会做出手势下劈的动作。在这种时候，你最好不要轻易提出相悖的观点，对方一般也不会轻易采纳。如果你非要争论个你是我非不可的话，恐怕他们很容易就拍案而起了。在平常，你与同事或朋友三五成群地争论问题，往往也会有人喜欢做手势下劈的动作来否定别人的观点，打断别人的话。如果争论到高潮，很可能就会有人拍案而起了。

演讲时一般不适合做拍案而起的动作，但是演讲者为了强调自己说话的意思，往往会做出手势下劈或攥紧拳头的动作。这也是他想显示威慑力的标志。握紧的拳头好像在说："我是有力量的。"但如果是在有矛盾的人面前攥紧拳头，则表示："我不会怕你，要不要尝尝我拳头的滋味？"这也是他讨厌某人的标志。

　　历史上，"拍案而起"的例子也不绝于耳。清朝名臣左宗棠在事关中华民族利益的大是大非面前"拍案而起，挺身而出"的故事，尤为后人称道。当时，清政府与英帝国主义签订了不平等条约，又是割地又是赔款。此时的左宗棠虽然人微言轻，但依然拍案而起，说："英夷率数十艇之众竟战胜我，我如卑辞求和，遂使西人具有轻中国之心，相率效尤而起，其将何以应之？须知夷性无厌，得一步又进一步。"他痛斥投降派琦善"坚主和议，将恐国计遂坏伊手""一二庸臣一念比党阿顺之私，今天下事败至此"。他利用自己的朋友关系，四处联络，推动参劾投降派，让清政府重新起用林则徐。正是在舆论压力之下，朝廷不得不撤掉琦善，恢复林则徐的职位。可见，拍案而起的意义是否积极，还要看当时的情境。如果说话者只是为了体现个人的威慑力，那可能就有些小题大做了。

收到账单就付款的人拿得起放得下

在日常生活中，结算各种各样的账单已经成为我们的消费常态。在一定程度上，从人们采用什么样的付款方式可以看出这个人的性格。

比如，有的人在收到账单后会立即付款。他们在收到账单后，一刻都不会拖延，哪怕手头有事，只要不是特别重要的，他们都会放下手头的事，先去付款。这样的人，多是很有魄力的。他们不管是什么事，说到做到，当机立断，从来不会拖拖拉拉地纠缠不清。对于感情的事，他们也拿得起放得下，喜欢就去追，追上了就会对他（她）好，没感情了就会放手，开始新的生活。他们的个性很独立，什么事都想自己完成，不管在什么方面，都不想欠别人的，不过别人如果欠自己倒是可以。他们为人真诚，也很坦率，对朋友很讲义气，因此人缘很好。他们做事追求效率，什么事都想最快最好地完成，如果有什么事阻挡了他们完成任务，他们会想方设法地创造条件去完成。

和立即付款的人相反，有的人在收到账单后，能拖多久就拖多久。这样的人，大部分比较自私，他们总想着占点小便宜，盘算怎样才能少付出或者不付出就能得到尽可能多的回报。他们缺乏公平的概念，不知道付出和回报是对等的。而且，他们通常很少关心和帮助别人，对人不冷不热，哪怕是对熟悉的人也很少付出真心。

有的人在收到账单后，喜欢把付款的任务交给别人，让别人帮他们完成。这样的人常常无法坚持自己的立场和原则，也很难成为领导，因为他们总是喜欢服从他人，依赖他人。而且，他们的责任心也不强，遇事总会找各种理由或借口推托，在挫折困难面前还会胆怯和退缩。

有的人在收到账单后通常会去银行付款。这样的人，大多比较保守，是传统型的人。他们对新鲜事物的接受能力比较差，缺乏冒险精神，喜欢抱着一些过时的东西，过循规蹈矩的生活。他们也缺乏安全感，容易怀疑别人，认为凡事只有自己亲自参与，才会可靠。他们的自卑心理也比较重，但是又很希望获得别人的肯定和认同，比较矛盾。

而有的人则喜欢采用电话付费或者网上缴费的方式。这样的人对新鲜事物的接受能力很快，并懂得利用它们为自己服务。不过，由于对一些东西的依赖性太强，也会使他们丧失一些主动权，从而容易受控于人。不过，他们胸怀坦荡，容易信任别人，也会得到别人的信任。

总之，通过付款的细节，也可以判断出一个人的性格。

站立式身体角度反映出的内心世界

大多数人可能都没有注意到，两个人谈话时的氛围与他们身体所成的角度也有关系，身体的角度会随着气氛的改变而变化，角度变化也会引起气氛的改变。如果谈话对象和你站成45°，即开放的45°，这表明谈话对象有和你继续交流下去的愿望，他感受到了谈话氛围的轻松惬意；如果你们面对面地站着，即站成亲密的0°，而你们又不是亲密爱人的关系，就往往无法形成融洽的谈话氛围，他可能会感到你在咄咄逼人，从而产生自我保护的意识；如果陌生人之间站成0°又互相对视，那大概是吵架对视的前奏，将会有十足的火药味蔓延开来。

1. 开放的45°，既和谐又融洽

一个初次见面或者相交不深的人和你站成45°谈话角度是最合适的。所谓的45°谈话角度，就是谈话对象和你由面对面改为向外侧身45°。双方都向外侧身45°，从而使得你们的身体角度形成一个直角。谈话对象感觉到交流和谐融洽，会不自觉地在站立的角度上有所改变，从而缩短沟通的距离。

当你和谈话对象不用面对面地相对时，彼此就不会产生咄咄逼人的感觉。同时，这种位置和动作的相似性也暗示了双方的身份平等。当同级别的朋友或同事和你以这样的站姿交谈时，你们二者之间体现出来的是没有明显的竞争关系，这样的姿势就会使你感受到友好、和谐、融洽，无压迫感。

三个人的谈话也可以借用这个原则，当你和另外两个人都有谈话的意愿并且谁也没有被排斥时，你们会不自觉地站在三角形的三个角上，那么每两人之间都有一个夹角。这样的夹角起到了缓冲的作用，使得你和他们

都不用正面相对。而如果你受到了他们的排斥，他们不会给你一席之地，我们从另外两人的身体角度就可以看出来。他们不会给你留下夹角，他们会相对站立。

2. 亲密的 0°，或亲昵或对立

当不是太熟悉的谈话对象和你交流时，你们面对面的站立会显得不够友好，这是社交的忌讳。一般这样的站姿发生在情侣和爱人之间，我们通常把这种脸对脸的角度称为 0° 谈话角度。

如果熟悉的朋友或者亲密的爱人对你采用 0° 谈话角度交流，这样的站姿显得毫无芥蒂；不是很熟悉的人面对面地和你站立交流，这是他发出的不想过多交流的信号，这样的交流往往带有攻击性。我们可以参考动物界的情况，大部分物种会把用头逼近对方的动作看作宣战的信号。比如，争夺配偶的羚羊朝某一个竞争者亮出头上的角，而对方也面向它，并且摆出了同样的姿势，这就代表它接受了挑战。所以这种相对的姿势就使得双方有了强烈的竞争关系。

推演到人，0° 谈话角度使得两人相对而立，视线很容易汇集，所以更容易袒露心中所想。而如果两人不太熟悉就会产生强烈的不安全感，从而使得他们各自的话语或者其他身体语言有了明显的自我保护意味，使得谈话不能融洽进行。因为双方可能都觉得对方咄咄逼人。

总之，开放的 45° 与亲密的 0° 不仅会影响到谈话氛围，还能体现出谈话人感情的亲疏远近。

第九章

消极还是积极，
看这些肢体小动作

手摸下巴的心理表现

当你向一群人或朋友发表自己的意见时，如果你留心观察一下他们，可能会发现这样一个有趣的现象：在你发言的过程中，他们中的很多人会把手放在脸颊上，摆出一副估量的姿势。当你的发言接近尾声，你让他们对你刚才的发言发表一些意见或是看法时，有趣的现象便开始出现了，他们会迅速结束自己原先的估量姿势，将手移到下巴处，并轻轻地抚摸下巴，这时，每个人的下巴角度又都是不同的。

下巴的动作一般分为抬高下巴和收缩下巴。下巴的角度不同，所代表的态度也不同，这可能会暗示他们的决定是积极的还是消极的。你的最佳策略就是冷静地观察他们的下一个动作。

如果他们在抚摸下巴之后，将自己的手臂和腿交叉起来，并将身体后仰在椅子上，将下巴抬高，这种情况下，他们的最终决定可能是否定的。一旦出现此种情况，你大可不必惊慌，因为事情还没有到完全无法挽回的地步。此时你应迅速征求一下他们的意见，请他们说出心中的疑惑、不满，然后对其一一进行解答。这样一来，那些原来心存疑惑、不满情绪的听众很可能会改变他们的决定。

如果他们在轻轻抚摸自己的下巴后，身体后靠，同时手臂张开，下巴的弧线内敛，这就表明他们的决定很可能是肯定的。一旦出现此种情况，你就可以接着在台上尽情地"纵横驰骋"了。

下巴的动作除了与对方态度的认可与否定相关，下巴的角度还和威严感、傲慢有关。我们观察以动作片闻名的男影星的海报时就可以发现，他们总是以高抬的下巴来显示自己的雄性特征。抬高下巴的姿势大部分时候都会呈现一种盛气凌人的感觉。

女总裁出差时与下榻的宾馆服务人员发生了一点争执。她坐在沙发上，对方站在她的对面。女总裁说："你不用说了，把你们经理找来。"她说话时，高高抬起下巴但并不是为了把视线落在站着的服务生身上，因为她望向了另一边。

当对方的视线位置比我们高时，我们可能会抬起头来与他讲话。但这里的女总裁显然不是为着这个目的才高抬下巴的。她的高抬下巴显示了一种傲慢和自认为高人一等的态度，高抬的下巴和望向另一边的视线都在向对方表示"对继续谈话没有兴趣"。

下巴高抬的姿势表示高人一等也有其渊源。我们必须承认高度很能影响一个人的气度，虽然这不是绝对的，但是从更大的范围里，我们发现领导者的身高对他的形象塑造有着非常重要的作用。在军事院校指挥专业的选拔上，身高就是很重要的参考指标。但是身高通常都是先天决定的，无法更改。不过人们乐于从任何细节上来提升身高，比如，高抬下巴。动作者潜意识里想要比对方高出一些来，于是用伸长脖子并且下巴高抬的姿势来强调。

而下巴收缩的角度则代表一种小心翼翼的畏惧感，爱收缩下巴的人与喜欢高抬下巴的傲慢人士性格截然相反。他们通常谨言慎行，凡事都很小心，所以能够做好手头上的工作。但他们只注重自己眼前的工作，相对保守和传统。

下巴的动作虽然轻微，但是可以凭借下面这些映射内心的"投影机"来解读他人。

1. 表示愤怒的下巴

愤怒的人下巴往往会向前噘着，这一般也表达威胁和敌意。观察那些不听话的小孩，会发现他们在回答"不"之前他们做的第一件事就是挑战般地噘起下巴。

2. 表示厌倦的下巴

当你看到他手平展，轻叩下巴下面数次，这表示他正感到十分厌烦。最初这一动作只表示某人吃饱喝足没事做。现在，它更多的是暗示某人的厌倦之感。

3. 表示全神贯注的下巴

当你看到有人轻轻地、缓慢地抚摸下巴，就像摸着他的胡须一样，你最好不要轻易打扰，这表明此人正在注意力集中地思索或聆听。

下巴的角度是态度的分水岭，是了解个性的媒介。如果你想了解自己是被接纳还是被拒之千里，那么看看他的下巴吧！

鼻孔扩张说明情绪高涨

有位研究身体语言的学者，为了弄清鼻子的"表情"问题，在车站、码头、机场等不同的地方观察各种鼻子，专门做了一次观察"鼻语"的旅行。据他观察，人的鼻子是会动的。例如，在你和人沟通的过程中，你若发现他鼻孔扩张，这表明他的情绪高涨、激动，他正处于非常得意、兴奋或者是气愤的状态。从医学的角度上看，人在兴奋和气愤的情况下，呼吸和心跳会加速，从而引起鼻孔扩张。

不只是人类，动物有时也会用鼻子来表达情绪。在动物的世界里，如果你仔细观察的话，一定会发现大多数动物喜欢用龇牙和扩张鼻孔来向对方传递攻击信号，尤其是像黑猩猩这样的灵长类动物，每当它们生气发怒的时候，往往会将鼻孔扩张得很大，从生理学上来说，它们这样做是为了让肺部吸入更多的氧气，但是，从心理学上来说，它们正处于情绪高涨的状态，这是在为战斗或逃跑做准备。

除鼻孔扩张之外，还有歪鼻子，这表示不信任；鼻子抽动是紧张的表现；哼鼻子则含有排斥的意味。此外，在有异味和香味刺激时，鼻孔也会有明显的动作，严重时，整个鼻体都会微微地颤动，接下来往往就会出现打喷嚏的现象。

研究还发现，高鼻梁的人多少都有某种优越感，他们很容易表现出情绪高涨、饱满的状态。关于这一点，影视界的某些女明星表现得最为突出。与这类"挺着鼻梁"的人打交道，比跟低鼻梁的人打交道要稍难一些。而在思考难题、极度疲劳或情绪低落的时候，人们会用手捏鼻梁。这些鼻孔的变化、触摸鼻子的动作，是了解人们身体语言的法宝。

鼻子这一部位的表现，也的确能为解读他人内心提供一定的线索，让我们通过鼻子微小的变化来看看更多不为人知的身体语言信息吧。

1. 鼻头冒出汗珠

这表明对方心里焦躁或紧张。他的个性比较强，做事有些急于求成。因为心情焦急紧张，鼻头才有发汗的现象。

2. 鼻子泛白

这表示他的心里有所恐惧或顾忌。如果他不是你的对手或与你无利害关系，鼻子泛白则可能是犹豫的心情所致。另外，人在自尊心受损、心中困惑、有点罪恶感、遭遇尴尬时，也会出现鼻子泛白的情况。

3. 鼻头红

这种情况多与健康状况有关，比如，长期饮酒、食用辛辣食物过量、情绪过于激动紧张、皮肤过敏等。除了这些，鼻头发红也有可能暗示心血管疾病或者是肝功能异常，如果鼻子呈现蓝色或棕色，要当心胰腺和脾脏的毛病，如果鼻头发黑又干枯，则有可能是纵欲过度了。

由此可见，鼻子虽然是人体五官中最缺乏运动的部位，但也是有着自己的语言的。当你观察一个人时，不妨从鼻子的语言入手。

低头耸肩，有自我保护的意味

当一个人低下头，眼睛看着地面，不让别人看见他的脸，也不去看任何人的脸，那么他一定是处于某种消极的情绪当中，可能是沮丧，也可能是害怕，甚至可能是在表达不满。低头这个简单的动作在不同的情形下可以表达完全不同的含义。

1. 不自信地低下头

经常做低头耸肩动作的人内心缺乏自信，并且不想引人注意。倘若让他看到一群不太熟悉的同事在一边谈话，经过他们的时候，不太自信的人则会不由自主地缩紧脖子，努力让自己显得更弱小和不太引人注意，期望对方不要注意到他。反之如果是自信度高、爱表现的人，这个时候他会昂首挺胸地走过去，希望对方注意到他。如果对方没有留意到，他也会主动打招呼。而在会议上，不想发言的人也会在老板用视线巡查时低下头，为的是避免和他视线相交而引起他的注意。

2. 自我保护

关于低头耸肩的自我保护意味，你可以看看下面的情形：一群孩子在居住的小区里踢足球，当有人经过他们的时候，一个孩子突然喊道："当心，看球。"这时，即便没有看到有足球朝自己飞过来，很多人也会下意识地把头低下，缩在两肩之间。因为他们是希望利用这样的姿势来保护头部，以及柔弱的脖子和喉咙，避免球的撞击。大部分人在潜意识里都清楚这个动作的保护意味，所以当他们可能受到外界攻击时就很容易做出这个动作，就像鸵鸟遇到危险会低下头，将头埋在沙子里一样。

3. 低头表示恭顺

老板指着报表上的一个数字问秘书小可："你觉得出现这个数字可能吗？"小可看了看，发现自己犯了一个低级的计算错误，她把头深埋下去。老板心软了，于是说："下次注意。"

这种低头的动作经常见于女性身上，而且以年轻的女性居多。她们大多性格温柔而恭顺，在遇到障碍、挫折，或者难堪的状况时就会做出这个动作。就像上文中的小可，当发现自己犯了很大的错误时，因为羞愧，加上害怕老板的苛责，她便做出了这个动作。这样的动作也使她显得娇弱，这是一种潜意识中的祈求怜悯的动作。

4. 低头的消极抵抗意义

低下头可以表示恭顺，有时也可以表示一种消极的抵抗。比如，发表讲话时，如果对方不看你，并且低下头，这并不是说明他被你打动了，很有可能是他很不认同你的话，只是不想直接表达出来，所以用这个动作来消极抵抗。此时，压低下巴的动作意味着否定、审慎。如果他还有其他封闭性姿势，比如，交叉双臂，或者双手紧握，那么这种意味就更明显，有时甚至是攻击性的暗示。

人们的低头动作与批判性的意见的形成之间也是互为因果的，所以，只要面前的人不愿意把头抬起来或者向一侧倾斜，你的观点几乎就没有打动他的可能。有经验的会议发言人会在发言之前采取一些手段，让参会人员参与并融入会议的议题之中。比如，用屏幕展示一些视觉性资料，让大家都抬起头，从而给参会人员以潜移默化的积极暗示。

翘起脚尖，内心高兴的表现

当人们感到高兴或幸福的时候，会飘飘然，整个人会有一种被向上提升的感觉。如果让你画一副笑脸，你是不是首先会画上向上翘的嘴角？其实，当一个人感到高兴或幸福的时候，上翘的不止嘴角，还有他的脚尖。对兴奋的人来说，重力好像不起作用了。

在我们所处的环境中，背离重力作用的行为每天都会走进我们的视线。例如，观察一下你身边悠闲打电话的人，如果他在听完电话后，把本来平放在地上的一只脚换了一种姿势，他的脚跟还处于着地的状态，脚掌和脚尖却向上翘了起来，脚尖指向天空方向，不要以为他这一动作稀松平常，其实，这表示他讲电话的情绪不错，他正听到或者讲到什么令自己非常高兴的事。他的身体动作分明散布着这样的语言信息：棒极了，简直太好了！这种动作代表的心理状态和向上跳跃、欢呼是相似的。

"快乐男生"的电视选拔赛上，2号男生被宣布直接过关。他的表情很淡定，上半身也表现得很镇定，但是他的脚却乐疯了，他的脚尖上翘指向天空。事后的过关采访验证了他的快乐，他兴奋得变了声音，不住地说："太好了，感谢大家！"

在解读身体语言的时候，很多人都习惯从表情开始，其实，表情通过训练可以人为控制，但脚的细节动作却很少有人去刻意控制。这也就是例子中2号男生上半身镇定、脚部兴奋的解释了。

大部分人对脚的动作不太关注，不会考虑伪装或掩饰。因此有人说双脚小是人身体上最真实的部分之一，它们真实地反映人的感觉、思想和感情。让我们看看其他传达快乐情绪的双脚表现吧！

1. 颤动的双脚

一个人的双脚在颤动或摆动，甚至他的衬衫和肩膀也随之颤动，这是他心情大好的标志，这些细微的动作正向你表明，他很轻松、愉悦、满足。很多人在听着美妙的音乐时会抖动双脚，也是这个道理。

2. 把玩鞋子的脚趾

做这个动作的以女性居多，当感到愉快的时候，女性常常会把玩鞋子，她们有时候会用脚趾将鞋子挑起再放下，如此反复。或者将鞋子挑起来摇晃。

3. 恋爱的幸福双脚

如果你细心观察情侣桌下的腿脚，你会发现，他们会用脚部的接触或轻抚来表达彼此的好感，搓擦对方的双脚或用脚趾轻触对方。做这样的动作表明他们很舒适、心情愉悦。

4. 交叉放松的双脚

你和朋友交谈得轻松愉快时，你会发现，她改为双腿交叉的姿势站立了。这是她感到轻松愉快的标志。你们的关系很好，她可以卸下防备，完全放松下来。

总之，脚部传达的信号是诚实的，是很难作假的。你不可能是萨满教的先知，也不可能是吉卜赛的巫师，但你可以抓住对方一个不经意的脚部动作，从而明察秋毫，看穿他的情感趋势和真实意图。

蜷曲身体睡觉的人压力重重

　　睡眠几乎占去了人一生 1/3 的时间，人在睡眠的过程中是潜意识最容易浮现的时候，因此睡姿也是一种无声的语言，可以看出一个人的性格和心理，对身边亲密的人，我们可以通过其睡姿对其做更深入的了解。医学上的研究也表明，一个人的睡姿与其心理、生理状态有不可忽视的联系。

　　雯雯近来工作不顺利，她每天工作到很晚才睡，而领导又给了她很大的压力。最近，丈夫发现她的睡觉姿势与以往有了很大不同，从习惯仰睡变成侧身蜷缩，有时下巴和膝盖几乎要靠在一起了。细心的丈夫询问当心理医生的朋友，朋友告诉他蜷曲身体睡觉的人往往感到压力重重，可能是雯雯最近遇到了困难。

　　从例子中可以看出，雯雯蜷曲的睡姿仿佛把身体的内脏部分掩藏起来，这样的姿势在心理上给予人一种安全感。繁重的工作压力让雯雯内心充满了焦虑和担忧，所以即便在睡梦中也出现了强烈的自我保护意识，把自己包裹起来。

　　蜷曲的姿势与婴儿在母亲子宫中的姿态很相似，对压力重重的人来说，这样的姿势有着充分的安全感和舒适感，借此可以缓解内心的重负。如果你接触这类人，你会发现，他们往往缺乏安全感，正在遭受压力的折磨，他们的独立意识比较差，渴望得到保护。对某一熟悉的人物或环境总是有着很强的依赖心理，而对不熟悉的人物和环境常常感到有压力。他们喜欢一种平静、安稳的生活。

　　除了蜷曲身体的睡姿，还有一些其他的睡眠姿势也同样传达出丰富的信息。

1. 俯卧：自信而有能力

采取俯卧式睡姿的人，大多具有很强的自信心，并且能力也很突出。在大多数情况下，他们都能很好地把握住自己。他们对自己有非常清楚的认识，知道自己是谁，也知道自己该做些什么。对于所追求的目标，他们的态度是坚持不懈，有信心也有能力实现它。他们随机应变的能力比较强，知道如何调整自己。另外，他们还可以很好地掩饰自己的真实感情，而不让别人看出一点破绽。

2. 侧卧：随心而知足

脚、小腿、膝和脚踝部位完全重合且保持侧卧姿势的人，他们在生活中善于处理各种关系。他们能尽量按照他人的要求去做，因而能获得人们对他们的好感。喜欢侧卧的人总是个漫不经心的人，不能说这种人对生活不投入，但很多时候他们会当一个生活的旁观者，或许他们只是在游戏人生。他们属于情绪型的人物，总是处在情绪的波动之中，做事情时感情色彩对他们的影响比较大。不过他们也有自己的长处，能很快忘记刚刚遇到的不快，而重新干自己的事。你能很容易与这种人和平共处，和他们打成一片。

3. 靠边式：不善于维护自己的权利

这种人不善于维护自己的权利或坚持自己的主张，而且他们的理智常否定他们没有依据的感觉。他们常觉得财产和朋友就要被别人抢走了，但理智上知道事实并不是这样。如果你和他们成为朋友，你会很累。他们看到你升迁或进步，会感觉到威胁，但却安于现状，不会奋起直追。

4. 握拳而睡：自我防卫意识强烈

握着拳头睡觉的人比较少，但也并非没有。这种人在睡觉时握着拳头，仿佛随时准备应战，这是心理比较紧张的一种表现。这一类型的人如果把拳头放在枕头或是身体下面，表示他正试图控制这种情绪。如果是仰躺或是侧着睡觉，拳头向外，则有向别人示威的意思。与他们接触，你会发现，他们的性格多数是脆弱的，很难承受某种伤害。他们较为内敛，对他人比较冷漠。

5. 仰睡：快乐大方

喜欢仰睡的人多是十分快乐和大方的，在儿童时代通常是家庭中关怀和注意的中心。他们有安全感、自信心和坚强的性格。他们为人比较热情和亲切，而且富有同情心，能够很好地洞悉他人的心理，懂得他人的需要。他们性情坦率，乐于助人，也乐于接受别人的帮助。在思想上他们是相当成熟的，对人对事往往能分清轻重缓急，知道自己该怎样做才能达到最好的效果。他们的责任心一般都很强，遇事不会推脱责任或选择逃避，他们很少为自己找借口，而是勇敢地面对，甚至是主动承担。如果你和他们接触，你很容易就接受他们、尊敬他们。他们对各种事物能够做出准确的判断，也会为自己营造出良好的人际氛围。

第十章

意识和喜好，
看这些肢体小动作

延长眨眼时间，往往是讨厌的心理暗示

视线表达了一种关注感，被视线关注的人会自然地用心聆听凝视者的话。而视线还有其他的魔力，透过视线，你可以了解他人的心态和情感。

当你发现别人竭力避开你的视线或者延长眨眼时间的时候，肯定是有什么事情让他们觉得不对头。他也许是不喜欢你，或者对你不感兴趣；也许是在自我保护，或者有事隐瞒；也有可能是不知道怎么面对你，或者仅仅是害怕你。

如果对方快要跟你的眼神交汇时，突然避开你的视线，虽然表面上没有拒绝跟你说话，但已经散发出不想再继续交谈下去的信息了。既不想再听你说话，也没有认同你的意思。如果某人避开视线故意让你看出来，这样的人就比较极端，这是对你抱有敌意与嫌恶，而且毫不隐藏地表现出来。如果在谈话期间他的视线一直不肯和你交集，恐怕是因为他讨厌你，也有不想被你所左右的意思在里面。

心理学家达尼尔曾说过这样一句话："敢于与对方做眼神接触表现了一种可信和诚实；缺乏或怯于与对方进行眼神接触可以解释为不感兴趣、无动于衷、粗蛮无礼，或者是欺诈虚伪。"事实也证明了这一点。一家医院在分析了收到的大约1000封患者的投诉信后归纳出，大约90%的投诉都与医生同患者缺乏眼神接触相关，而这种情况往往被认为是"缺乏人道主义精神或是同情心"。

为什么有些人和你说话时你会感到很舒服，而有些人和你说话却会令你感到不自在，还有一些人在和你说话时甚至会让你怀疑他们的诚信？这是因为眼睛能够透露人们内心的想法。会面的两个人如果彼此较多地注视

对方的眼睛，那就代表他们彼此之间都很感兴趣，或者对所谈的话题有热情。相反如果话不投机，彼此之间就会尽量避免注视对方，这样可缓解紧张的气氛。

当然，如果他不喜欢你，也可以通过延长眨眼时间来传达讨厌你的信号。在正常的条件下，一个人眨眼的频率是 10 ~ 15 次 / 分钟，每次闭眼的时间也仅仅为 1/10 秒。但是，在某些特殊的情况下，为了特定的目的或是为了表达特殊的情感，一个人可以故意延长他眨眼的时间。如果你凑巧遇到某个人对你这样做，就得留意他此举的含意了。

这里所说的拉长时间，并非他迅速地眨眼，再隔很长一段时间之后进行下一次的眨眼动作，而是每一次眨眼动作的时间被拉长。要实现这个目的，人们在每次眨眼时，眼睛闭上的时间就要远远长于正常情况的 1/10 秒。

为什么会出现这样的情况？他自己可能并没有意识到这个动作，只是潜意识里这样做了。事实上是因为他对你感觉厌倦，他觉得与你谈话很无趣。我们在谈话中如果发现对方对自己做出这样的动作，我们就需要提醒自己是否谈话内容实在不能引起他的兴趣。因为这种动作表明他已经不想再跟你继续讨论下去了，所以他每次眨眼时眼睛会闭上 1 ~ 2 秒甚至更长的时间，希望你从他的视线中消失。如果你发现你在讲话时，你的唯一观众开始有了拉长眨眼时间的行为，甚至伴有呵欠，你就可以结束这次对话了。

难怪美国哲学家埃默森说："人的眼睛比嘴巴说的话更多，不需要语句，我们就能从彼此的眼睛了解整个世界。"

握手时盯人，常常带有挑衅心理

西班牙斗牛的节目中，那些被激怒的公牛会在进行角斗之前，把眼睛瞪圆了一直盯着对方。在这点上，人类也是一样。世界上大多数国家的人都不会对不熟悉的人进行直视，一直盯着对方会被认为是没有教养的表现，甚至被看成是一种故意挑衅的行为。当某人和你握手时，一直直视你，甚至盯住你不放，这其实是对你的挑衅，他的心里是想要战胜你。

目光接触是非语言沟通的主渠道，是获取信息的主要来源。人们对目光的感觉是非常敏感、深刻的。通过目光的接触来洞察对方心理活动的方法，我们称之为"睛探"。目光接触可以促进双方谈话同步化。在对方和你交谈时，如果他用眼睛正视你，你可以更有效地理解他的思想感情、性格、态度。同时，通过"睛探"，可以更好地从对方的眼神中获得反馈信息，及时对你的说话方式或内容进行必要的调整，通过这样的审时度势，一旦发现问题，可以随机应变，采取应急措施。

如果遇到和你握手时一直盯着你的人，并且他对你的注视时间超过五秒，表明这人除了想在心理上战胜你，往往还对你有一种威胁。这种盯视还会被用到其他场合，例如，警察在审讯犯人的时候通常对他怒目而视，这种长时间的对视对拒不交代罪行的犯罪者来说有着无声的压力和威胁。有经验的警察常常用目光战胜罪犯。

可见，即使是罪犯也不喜欢别人用眼睛紧紧盯住自己。因为被人紧盯住之后，心里就会产生威胁和不安全感。事实上，在你和对方握手、交谈时，如果遇到长时间盯着你的人，由于他眼神传递出来的信息产生了副作用，你从他的视线中是感受不到真诚、友善、信任和尊重的。

在生活中，人的角色是多样的，眼神之间可以传递不同含义的讯息，而影响一个人注视你时间长短的因素主要有三点。

1. 文化背景

文化背景不同的人注视对方的时间可能存在很大的差异。在西方，当人们谈话的时候，彼此注视对方的平均时间约为双方交流总时间的55%。其中当一个人说话时，他注视对方的时间约为他说话总时间的40%，而倾听的一方注视发言一方的时间约为对方发言总时间的75%；他们彼此总共相互对视的时间约为35%。所以，在西方国家中，当一个人说话时，对方若能较长时间地看着另一方的眼神，这会让说话的人感到非常高兴。因为他认为对方这样做，说明对方很在意他的讲话，或者是很尊重他。但是，在一些亚洲和拉美国家中，如果一个人说话时，对方长时间地盯着他看，这会让他感到不舒服，并认为对方很不尊重他。比如，在日本，当一个人说话时，如果你想表示对他的尊敬之情，那么你就应该在他发言时尽量减少和他眼神的交流，最好能保持适度的鞠躬姿势。

2. 情感状态

一个人对他人的情感状态（比如，喜爱，或是厌恶），也会影响到他注视对方时间的长短。比如，当甲喜欢乙时，通常情况下，甲就会一直看着乙，这会让乙意识到甲可能喜欢他，因此乙也就可能会喜欢甲。如此一来，双方眼神接触的时间就会大大增加。换言之，若想和别人建立良好关系的话，你应有60%～70%的时间注视对方，这就可能使对方也开始逐渐喜欢上你。所以，你就不难理解那些紧张、胆怯的人为什么总是得不到对方信任的原因了。因为他们和对方对视的时间不到双方交流总时间的1/3，与这样的人交流，对方当然会产生戒备心理。这也是在谈判时，应该尽量避免戴深色眼镜或是墨镜的原因。因为一旦戴上这些眼镜，就会让对方觉得你在一直盯着他，或是试图避开他的眼神。

3.社会地位和彼此熟悉程度

很多情况下，社会地位和彼此熟悉程度也会影响一个人注视对方时间的长短。比如，当董事长和一个普通员工谈话时，普通员工就不应该在董事长发言时长时间盯着他，如果那样的话，董事长就会认为你在挑战他的权威，或是员工对他说的某些话持有异议。这样一来，这个员工肯定会在他心里留下不好的印象。所以，和上级谈话时，最好不要长时间盯着对方，你可以采取微微低头的姿势，同时每隔 10 秒左右和他进行一次视线接触。不太熟悉的两人初次见面时，彼此间眼神交流的时间也不宜太长，如果一方说话时，另一方紧紧盯着对方，这肯定也会让对方感到非常不舒服。

以指尖轻敲桌子，说明他有话要讲

你是否有这样的经历，当你和同事争论某个问题的时候，他会不停地敲桌子，然后说，静一下，听我说两句。是的，他不停地敲桌子，是因为有话要说；如果你是一个会议的发言人，当你在滔滔不绝的时候发现有的与会者在不经意地以指尖轻敲桌子，那么你千万不要觉得对方是在向你表达赞同或者恭维，这表明他在思考，他在等待发言。当你在进行业务解说，发现客户有这个动作时，你就该考虑停下来，把话语权交给他，以免客户不耐烦。

传播学家研究发现，手上的小动作往往比有声语言更能传达出说话者的心意，因为作为一种可视的沟通形式，它比语言传递得更远，而且不会受到那些有时会打断或淹没话语的噪声的干扰。所以，有时候，手势是一种独立而有效的特殊语言，它能传递一些我们熟悉的信息。比如，拍手表示激动或赞成，而把小指和拇指放在耳朵边上表示需要打电话；大拇指朝上表示赞同或钦佩，大拇指朝下则表示不赞同或鄙视对方；伸手表示想要东西，手背在后面表示不想给予。

除了敲桌子，还有一些不自觉的小动作，也能暴露行为动作者内心的真实状况。

1. 不停地摸耳朵

如果他人在和你交谈的过程中，频繁地摸耳朵或拉耳垂，这表明他厌倦了你的滔滔不绝。他做这个动作是想告诉你，他很想开口谈谈自己的意见。

2. 把玩手腕或手腕上的物品

如果你正在和他人交谈，发现他正在把玩手腕或手腕上的物品，这表明对方内心充满犹豫，他正在考虑诉说他内心的想法。

3. 微张嘴唇

如果和你交谈的人，几次三番地微动嘴唇，却没有发出声音，这表明他有话要说。他内心很想表达自己的想法，所以自然张嘴欲言。可是出于礼貌，他没有打断你的话。

4. 用手指或手上的东西做画线动作

如果你正和他人交谈，发现他用手指或利用手上的东西在桌上做画线动作，这表明他有话想说可是又不能打断你，他不停地重复这一动作表明他很焦急。此时你还在滔滔不绝，他的额头甚至会出现汗珠，手上动作的频率会更快。

手势里蕴含大量的信息，是随着说话者所表达的内容、具体的环境，以及在某种感情的支配下，自然而然地流露出来的。因而，在某种程度上来说，手势是人的第二张面孔，传达着丰富多彩的信息。

手放在酒杯中央的人，往往是和事佬

喜好喝酒的人，很容易在酒桌上交到朋友，他们碰到一起，总是容易惺惺相惜，几杯酒下肚后，便会说相见恨晚，觉得与对方特投缘，朋友就这样交成了。俗话说"无酒不言商"，许多大生意都是在酒桌上敲定的。生意场上有不少人借着酒精的刺激来促进彼此的往来，酒仿佛成了感情的润滑剂，人们闲谈交流，甚至成为"酒后"知己。不过，很少有人曾注意过他人手持酒杯的手势和动作。而手持酒杯的姿态，经过仔细观察，往往可以搜集到很多信息。

假如你参加一个宴会，喝酒的时候，你发现有人总是习惯把手放在酒杯中央，这类人往往是典型的和事佬、好好先生。他们待人亲切大方，具有很好的人际关系，但由于不擅长拒绝别人，他们经不起你劝酒，一喝就容易醉，时常会有吃闷亏的事情发生。如果一桌上还有人习惯用两手握住酒杯，那么他们多半属于孤僻型。他们渴望与他人交流，但是很难融入别人的圈子。因此，他们容易感到孤独。

心理学家研究还发现，每个人喝酒时握杯子的姿势和着力处不同，也能看出他们性格的差异和心理特征。若你应邀出席一个酒会，在人们寒暄过后，该安静喝一杯时，不妨看看他们拿杯子的不同手势，揣测一下不同人的个性。

1. 喝酒时喜欢紧紧抓住酒杯，拇指按住杯口

这类人是来者不拒型。他们将杯子拿得很牢，施力在杯子上的动作说明他们喜欢畅饮，并常常一饮而尽，如果条件允许，他们会一醉方休。同握酒杯中央的好好先生一样，他们对于你的要求，也不会拒绝。虽是酒场

豪饮者，但也是比较愚蠢的类型，容易酒后误事。

2. 喝酒时用力紧握杯子，拇指使劲地顶住杯子的边缘

这类人是酒场上的智者。他们会巧妙地应付对方的敬酒，饮酒量能够保持一定的限度。能够很好地掌控自己，如果他们不想喝醉，就一定不会喝多，任凭对方如何劝导，仍能保持清醒的头脑。

3. 喝酒时紧捂住杯口

这类人的动作似乎要掩盖住自己的内心。无意识的举动也说明他们本身是虚伪的人。他们不轻易在别人面前暴露自己，也不喜欢引人注目。习惯掩藏真实的想法，尤其是害怕别人看他们的目光会和所希望的不一致，那会使他们感到丢面子。

4. 握住高酒杯的脚，食指前伸

这类人故作高雅，想突出自己与众不同。他们内心的追求就是靠近那些有钱、有势和有地位的人，从本性上看，他们是较为贪婪的人。

总之，在酒桌上，推杯换盏的手势往往是不加掩饰的，这些细节通常可以表露人心。

文质彬彬走路的人不会轻易动怒

文气十足的人走起路来不疾不缓，双足平放，双手轻松摆动，不会忸怩作态，步态斯文，极富教养。这些人通常性格温顺，胆小怕事，没有远大的理想，保守而近乎顽固，他们一般不思进取，对未来不抱什么美好希望，喜欢平静和一成不变，所以总是原地踏步和维持现状。但遇事沉着冷静，不轻易动怒。

走路文质彬彬的人在面对困难的时候，能够保持头脑的清醒。他们不希望自己被带进任何有感情色彩的世界里，他们相信自己的理智，不希望被感性的东西左右自己的判断力。在别人面前，他们总是保持着理性和自控的姿态，因此能受到别人的尊重。对待别人的夸奖，他们可以欣然接受，但不露声色。他们平时的言谈举止都会尽量温文尔雅，做事小心谨慎，绝对不会留给别人一种粗俗不堪的印象。

一般来说，以这种姿态走路的女人多属于贤妻良母型。她们喜欢顺其自然，没有过高的追求，多喜欢相夫教子。而走路文质彬彬的男人则非常稳重，他们有时候也会觉得自己戴了面具，感觉很累，但为了保持自己的尊严和一贯的礼貌，他们很难在人前哈哈大笑。如果让他们不去关注礼节，那简直会要了他们的命。在他人面前，他们习惯对自己的身体形态进行严格的控制；在独处时，他们却感到孤寂、压抑。他们收获了人们的敬畏，也了解了人情冷暖。这样的人还十分关注别人对自己的评价，他们十分注意保持尊严，对待自己的一言一行都十分严厉，不允许出现半点的差错和放松，希望自己的一举一动都可以成为他人的榜样。具有相当坚强的意志力和高度的组织能力，对生命及信念专注固执，不易为别人和外部环境所动。

总之，走路文气十足的人总给人彬彬有礼的感觉，即使是走路，他们也会关注自己的手足协调性。他们待人礼貌，遇事不争执，也不会轻易动怒。因此这样的人适合主持行政工作。有地位，有身份，这往往是他们全力追求的目标。

吃东西闷不作声，是内向害羞的表现

平时吃饭的时候，有人喜欢边吃边兴高采烈地说话，有人却是闷不作声，只是一个劲儿地低头专心吃饭。

吃饭时闷声不响的人，一般都是性格比较内向害羞的人。他们性格内向，平时已经养成了不爱说话的习惯，跟别人说话时要么不敢正眼去注视对方，要么一开口就结结巴巴；要么脸红，要么显出一副不知所措的样子。这些都是他们害羞的表现。因此，即使别人主动与他们说话，他们也不肯多说，甚至还会脸红。他们一般都不会主动与别人讲话，上台发言时也不敢抬头，声音语气也常常显得极为不自信，或许他们心里并没有什么自卑的地方，也没有感觉自己是一个不自信的人，但他的举动在别人的眼里就是一种不自信的表现。他们的表现欲不强，不会动不动就去与别人抢风头争先进，更多的时候他们会默默无闻地跟在别人的身后，直到自己的实力被证明。其实，这都是因为内向的原因，而害羞又是性格内向的人所共同具备的特点。

不过，也有这样的情况，你看他们进餐时一声不响，他们心里可能正在琢磨这盘中餐的做法呢。他们可能是美食家，把心思都放在食物上，顾不上跟别人说话了。又或者是，他们在考虑其他的事，对你们现在正在说的话题一点兴趣都没有，甚至觉得很无聊。不过大多数人都是因为害羞或孤僻，才会在进餐时闷声不响。

因此，当我们聚餐时兴高采烈地和朋友们聊着天时，突然发现有一个人总是一言不发，或许那人就是这种内向型、害羞型的人。所以，不要武断地以为那人是在生谁的气，也不要埋怨那人破坏聚餐的气氛。

和吃东西时闷声不响的人相反，有的人在吃饭时，一面吃饭一面说个不停。这样的人，性格通常比较急。他们有的时候，甚至等不及把食物吃完就迫不及待地要说话。

这样的人，一般处事时也比较性急，他们总是急于求成，急功近利，对什么事情都没有耐性，总希望一下子完成或一下子做好，甚至还没做完一件事情，就迫不及待地要做下一件事情了，以至于常常连一件事情也做不好。而且，他们无论做什么都匆匆忙忙，在别人眼里总是有点冒失。吃饭也不闲着，边吃边干其他事。连走路时也常会跟旁人磕磕碰碰，脚下没根。这都是性急的人养成的生活节奏，改也改不过来，你让他慢下来，他便不能适应，甚至不知道该怎么生活。

因为他们的性格很急，所以脾气也比较暴躁。他们的忍耐力极差，而且从他们的内心来讲，他们并不愿让自己忍耐，这跟他们直率的性情有很大的关系，他们有了委屈或不满，不会憋在自己的肚子里，而是要一刻也不停地发泄出来。从他们边进食边唠叨上也能发现这一点。他们甚至都不能先忍一会儿，忍到吃完饭再唠叨。当然这种性格不仅体现在进食中，即便是在做其他事情的时候遇到一些令自己不愉快的事，他们也会忍不住边做事情边唠叨。

因此，当我们遇到有谁边吃饭边唠叨个不停时，我们就可以初步判断这是一个处事性急的人。

第十一章

喜欢还是防备，
看这些肢体小动作

握手时将手掌翻转是在制造强势心理

握手是在相见、离别、恭贺或致谢时相互表示情谊、致意的一种礼节，双方往往是先打招呼，后握手致意。据说握手最早发生在人类"刀耕火种"的年代。那时人们手上经常拿着石块或棍棒等武器。他们遇见陌生人时，如果大家都无恶意，就要放下手中的东西，并伸开手掌，让对方抚摸手掌心，表示手中没有藏武器。这种习惯逐渐演变成今天的"握手"礼节。而现在，握手已经逐渐演变为人们用来维系业务关系的一种沟通方法。但就是这样一个小小的握手礼，其中却暗藏着不少玄机。

莫里斯与女友在餐馆就餐时，遇到了女友的前任情人比尔。女友尴尬地为两人介绍，莫里斯与比尔握手致意。两只手紧紧地握在一起，莫里斯感觉到对方的力度越来越大，并且扳着他的手，想让自己的手心朝下。莫里斯暗想："这可真是个厉害人物。"

从上面的例子来看，简单的握手动作就可以接收到对方传递过来的信号：他是否喜欢你？他是不是心理很强势，想打压你？比如，比尔与莫里斯握手时将手掌翻转，使自己的手心朝下，就给对方制造出一种强势的感觉，这种不喜欢是不加掩饰的。

这种凌驾于人的握手方式并不少见，专家曾对 350 位高级行政主管开展了一项关于握手的调查研究，这群研究对象 89% 为男性。结果显示，在各种面对面的会谈中，88% 的男性主管和 31% 的女性主管在握手时都会采用这种能够制造强势效果的握手方法。而且这种握手的力度也会相对较大，甚至会令对方有轻微疼痛感。

通常情况下，握手只是人们见面时表示问候，离别时表示再见的一种礼仪。但是，你可以从握手这一细节动作上预见对方是否喜欢你，了解他想表达控制还是顺从的意思，了解他的个性特点。一般来说，性格温和、内向的人在与人握手时通常会采取顺从的姿势，这也表示他比较尊敬你。而性格外向、脾气火暴、霸道的人与人握手时，通常会采取控制性的握手姿势，这表示他不是十分喜欢你，或者是想让你感受到他对你的震慑力。有趣的是，当两个性格温和、彼此有好感的人握手时，他们通常会表现得温文尔雅、谦卑有礼。如此一来，双方便形成了一种平等、融洽的关系。

　　一般来说，初次见面的双方握手致意，通过这一动作，你可以感受到对方传递过来的一些微小的信号，这些信号可能是无心，也可能是有意。而你也可以因此构建对对方的初步评价。一般来说会有这样三种评价：一是认为对方很强势，觉得对方并不喜欢你，他甚至想控制你；二是觉得对方比较弱势，你认为自己可以掌控对方；三是感受到彼此的平等地位，能够感受到对方很喜欢你，你也觉得和他在一起很舒服。

　　著名的盲人作家海伦·凯勒曾经这样写道："我接触过的手，虽然无声，却极有表现性。我握着他们冷冰冰的指尖，就像和凛冽的北风握手一样。也有些人的手充满了阳光，他们握住你的手，使你感到温暖。"海伦·凯勒虽然不能用眼睛观察到对方，但她的触觉是极其敏锐的，她关于握手的描写也极其精彩地展现了和不同的人握手带给人的不同感觉。可以说，要知道对方是否喜欢你，握手便知分晓。

自我抚摸往往是内心没有安全感

人们处于紧张状态、情绪低落、遭遇挫折时，会不自觉地借助各种不同形式的自我抚摸来安慰自己，给自己打气。例如，用手挠挠头皮、梳理一下头发，并抚摸后颈，女性则通常会双手环抱着身体，用手摩挲手臂，这正是寻求保护、进行自我安慰的典型动作。每个人都有亲密接触的欲求，这方面女性的欲求大于男性，儿童的欲求大于成人。小孩子如果跌倒或者受到其他伤害，第一个反应就是让妈妈抱抱，身体上的亲密接触可以消除恐惧，获得安全感。随着年龄的增长，成年人不能像小孩子一样再向别人索求拥抱，人们无法随时随地地得到亲密接触，因而转换成自我抚摸来满足亲密接触的需求。常见的自我抚摸动作有以下几种。

1. 头部区的抚摸

比如，抚摸额头、挠挠头皮、抚摸头发、用手托头等。一般做出这样动作的人，多半内心感觉无聊、孤独、心事重重，他们做出这样的动作，就是为了鼓励自己或寻求安慰。

2. 颈部区的抚摸

抚摸颈部的前方、后方。女性尤其喜欢抚摸颈部前方，当她们听到使内心不安的事情时常常会不由自主地用手掌盖住自己的脖子前方靠近前胸的部位。这样的动作很像我们小时候受到了惊吓，妈妈用手抚摸我们的颈部区，说道："拍拍，拍拍就不害怕了。"

3. 手部的抚摸

摩挲自己的手背、吸吮手指、咬指甲等。当你发现有人出现这些下意识动作时，可以给对方适当的安慰和身体接触。但是不能太过，轻轻拍一拍对方的肩是最适度的安慰。因为虽然做这些动作是渴求接触的表现，但他们强烈的戒心依然会反感你过度地接触。

4. 脸部的抚摸

例如，用手抹脸、轻捏脸颊，双手捧着脸。做这样动作的人，多在思考中，他们内心孤独，希望通过自我抚摸获得安慰。

5. 间接自我抚摸

有些动作看起来与自我接触扯不上关系，实际上也是一种间接的自我抚摸，比如，撕纸、捏皱纸张、紧握易拉罐让它变形等。这种间接的自我抚摸也刺激到了人们的触感。并且你可以发现，当一个人的挫折感或者不安全感越重的时候，这样的动作出现的几率越大。人们似乎希望借这些动作来发泄，寻求安慰，同时又稳定了情绪。

腰挺得直，背绷得紧，说明警觉度高

冷气充足的办公室里，新上任的王经理坐在办公桌前翻阅文件。他的腰挺得笔直，后背绷得紧紧的。这样的坐姿坚持一天，下班时他觉得浑身酸软。回到家里，往沙发上一坐。整个身体就陷进柔软的沙发中，腰背臀部彻底地放松了下来。

这样的姿势转换，上班族们都不会陌生。在工作场合的全身紧绷与回到家里后的全身松弛状态天差地别。为什么会有这样的差别呢？因为腰臀与人的警觉度存在着联系。

在工作场合中，人们为了应付繁重的工作，会把精神调整到高警觉状态，以便随时应对突发状况。精神语言很自然地传达到身体，于是身体保持了一个"预备"姿势，挺直的后背与紧绷的腰臀都处在"蓄势待发"的状态。我们可以回忆我们的祖先在野外狩猎的情形，他们紧盯着猎物，全身紧绷，随时准备发动攻击。而起跑线上的运动员也是如此。双手撑地，脚尖蹬地，只要发令枪一响，他们就能即刻冲出去。这些状态都与我们在工作中的状态类似，这也就可以解释为什么我们会如此警觉。

而当我们把一天的工作完成，回到相当熟悉的家中时，这种情形就完全改变了。家是每一个人心灵的港湾，你在这个地方拥有最大的安全感。所以你的大脑暗示你，一切都是安全的。既然不需要应对外界危险或者突发状况，你的身体也就无法进入待命状态了，所以就彻彻底底地放松下来了。

然而，这种放松并非弱势的表现。一般的想法是，当你全神贯注、充满警觉时，你应对外界的能力也会增加，也就是说，挺直的后背和腰臀代表了一种强势，放松状态的人自然就是弱势了。可是实际上，研究表明，在两方的会面中，处于弱势的却是保持高警觉状态的人，有些时候是有求于人的一方，而优势地位常常在放松腰臀的人这一方。

　　以下例子会让你更清楚地了解这一点。比如，员工向老板汇报工作，通常是老板潇洒地坐在他的"老板椅"上，双手搭在扶手上，一副很舒服的姿态；而员工则直直地站在一边，随时等待着老板的盘问。或者在上门的推销员和他的顾客之间，也能看到这种姿势对比。

　　会面的双方应该都很清楚对方的地位，优势者的放松可以算得上是一种"故意"。他清楚地知道对方对他没有威胁，因此能做出舒适的模样，仿佛是在对对方说："即便不是最佳状态我也能应对自如。"而劣势地位的人用紧绷的身体来表达一种重视会谈的意思，他刻意地让情况显得正式化，希望引起对方的重视。

拖着脚步的人需要你付出关心

人的走路姿态会泄露他的情绪和性格秘密，步调缓急、脚步大小都很容易受到情绪的影响。细心观察会发现，你的身边有很多人会拖着脚步走路，他们垂头丧气，带着一脸的绝望，他们有时也会低着头、双手放在裤袋里或者环抱在胸前。如果他们是你的同事，而你又听到老板在办公室里咆哮，不用说，看他们从老板办公室走出来的样子，你就会知道他们一定是被狠批了。

沮丧、失落、失败、刚刚被狠批，这些不幸的语言通通可以用在拖着脚步走路的人身上。这些人很常见，那些股票投资失败的、生意失败的，还有生病的老年人，他们走路都是拖着脚步的，两条腿显得分外沉重。其实，这样的走路姿势只是在向你求助：我很绝望，请帮助我！他们需要的正是你的关心。

事实上，人的行走姿势除了和情绪相关，还和思维存在着密切的联系。例如，当我们在讨论问题或者思考问题时，很多人习惯在房间里走来走去。此时的行走并没有什么确定的目标，只是摆动着步子左右挪动，但很多人认为这样的姿势可以帮助他们思考。研究身体语言的学者赛弥莫尔肖认为，人要是随着心脏跳动的节奏来回走动，就能够在和谐的运动中获得新的启示，还可以同时对其进行处理。

行走姿势反映一个人的情绪状态和思维活动，内心所想影响着人的行走姿势。就像我们恐惧时会说"我被吓得腿脚发软"一样，情感的虚弱是会导致肉体上的虚弱的。通过观察，我们是可以通过一个人的脚步幅度和频率接收到他内心传达出来的秘密的。现在，就让我们来看看不同的脚步所反映出来的人的性格和情绪吧。

1. 大而急促的脚步

在公交站、地铁站那些赶去上班的人身上，在急于赴约的人身上，你可以清楚地看到大而急促的脚步。他们甚至一脚跨过多层的台阶，或者大步流星地从你身边穿过。这些都表明他们此刻内心焦急，并急于解决这件让他们感到焦急的事。

2. 小而平缓的脚步

小而平缓的脚步通常配合着放松的脸部线条，他们或沉思，或微笑。这表明对方正在思索，他们内心平静，或者他们只是在思考工作中未解决的问题。这时，如果你不小心碰到了他们，或许他们会和你道歉，因为他们多半沉浸在自己的思维世界里。因此，这种脚步常见于下班的人群。

3. 小而轻快的脚步

当看到那些略带跳跃、小而轻快的脚步时，你是不是也会产生一种心情轻松的共鸣？这样走路的人往往面带微笑，轻哼歌曲，他们心情放松，充满愉悦。你从他们身边走过，也会不由自主感染到他们的愉悦情绪。如果你和他们交谈，一定会彼此满意，这将是一个良性的谈话氛围。

骑跨椅子折射抵触情绪

　　小王和小李是下任总经理的候选人，两人要合作完成一项公司项目。他们在办公室里商量。小王把椅背朝前，骑跨在椅子上，双手交叠伏在椅背上。小李坐在一旁的凳子上，过了一会儿他站起来，用俯视的视角望着小王。两人都无法定下心来听对方说话，最后谈话不欢而散。

　　从这个例子可以看到，小王和小李既是合作者，又是竞争者。这样的微妙关系也体现在了两人坐椅子的方式上。小王摆出了一个骑跨椅子的造型，这个姿势显然让小李感到了无形的压力，于是他选择从椅子上站起来。透过这些细节我们可以看出，两个人一心想在气势上压倒对方，根本无心听对方具体在说些什么。

　　坐椅子的方式分为浅坐椅子前沿、深深地坐在椅子里等。我们可以通过观察谈话对象坐椅子的不同方式，来判断他是否在用心听你说话。

1. 骑跨椅子

　　"骑跨"是比较另类的坐椅子方式，生活中，这样的姿势不是很常见。如果你的谈话对象在听你说话时采取了这样极端的姿势，这表明他对你有很深的抵触情绪，甚至带着进攻的意味。这样的姿势在男性中比较常见，这是因为骑跨在椅子上时，两腿能够大角度地分开，可以非常彻底地展示胯部，显现出动作者的雄性特征。这样的人通常都属于支配欲望很强的人，他倾向于控制谈话，并习惯以自己的观点影响他人。所以，当发现你的谈话没有按照他的预想进行时，他就对此次谈话产生了厌烦的情绪。这个时候他意识中的控制欲望就会支配着他使用一些身体语言来传达影响力，他可以很自然地从正常坐姿转换到骑跨椅子的坐姿，如果此时你十分专注于自己的"演说"，你甚至都发现不了这一点。其实，他早就无法用心听你谈话了。

2. 浅坐椅子前沿

你的谈话对象只坐在了椅子的前沿，其实这表明他心里缺乏安定感。他心里的想法是"赶快把话说完吧，我真想马上离开这里"。表面上他好像在认真地听你说话，但是否真的听进去却值得怀疑。由于他坐得浅，上半身是探向你那里的，这表示他想以自己的想法来说服你，他还真没有办法使自己安下心来好好听你讲话！

3. 深坐椅子上

深深地舒服地坐满整个椅子面的人，心中的想法是"多花点时间慢慢地和你聊一聊"，他是个信心十足、坚毅果断的人，他认为比起说服你，和你进行深入的沟通更重要。但是你和他交流之后发现，他的独占欲很强，有时候不由自主地就想干涉你。大部分时候，他能用心听你说话，但是你要给他足够的时间谈自己的想法，他喜欢按照自己的步调生活。

紧握双手，往往是有挫败感

我们通常会认为紧握的双手是自信的标志，因为做此动作者通常伴有面部微笑。而实际上，内心真正轻松且自信的人很少做这个动作。因为紧握的双手互相用力，仿佛在找一个可以依靠和发泄的对象，体现出来的心理语言不是紧张沮丧就是对你抱有敌意。

在一次商业谈判中，甲方代表看到乙方代表放在桌子上的双手紧紧地握在一起，而且越握越紧，以至于他的手指都开始泛白。甲方代表于是胸有成竹地提出自己的要求，结果乙方居然轻易地答应了。

甲方代表自信地提出要求，是因为他从乙方代表的身体语言中读出了他内心所想。紧握双手的动作体现的其实是一种拘谨、焦虑的心理，或是一种消极、否定的态度。谈判专家尼伦伯格与卡莱罗针对这一动作开展过专项研究。其结果显示，如果有人在谈判中使用了该动作，则表示此人已经有了挫败感。这就意味着，在他的心中，焦虑与消极的观点开始蔓延。所以甲方代表判断自己在谈判中已经占据了主导地位。

著名的身体语言学家亚伦皮斯在幼年时已经学会了一套察言观色的本领。他曾经上门推销橡胶海绵。他知道当对方的手心展开时，他就可以继续自己的推销活动。而如果对方虽然表面上和气，手却攥紧了拳头，他就马上离开，免得浪费时间。

紧握双手的动作按照双拳的位置大致可以分为：脸部前握紧的双手；坐下时，将手肘支撑在桌子或膝盖上，然后握紧；站立时，双手在小腹前握紧。

在这些动作中，双手的位置所体现出来的信息也是很重要的。你可以由此判断做此动作者的内心焦虑感有多强烈。因为双手位置的高低与此人心理挫败感的强烈程度有十分密切的关系。通常情况下，当一个人将两只手抬得很高而且紧握的时候，即双手位于身体的中间部位时，要想与他有进一步的沟通就会变得很困难。如果他的双手位于身体下部的时候，想要与他交流就会显得更加容易。

当你发现对方紧握着双拳，如何做才能让他解除防备、消除敌意，从而畅快地与你交谈呢？当发现对方将手放到了所谓的难沟通区，你就必须想办法破解它。改变谈话的内容是一方面，一些小技巧的使用会对你帮助更大。你不妨停一停，为他倒一杯茶或者递给他其他物品。这些物品需要他拿在手上，如此一来，他就没有办法采取双手紧握的方式了。这些小技巧看起来并没有什么高妙之处，但实际上，人的潜意识能影响其外部动作，反过来外部动作也是可以影响潜意识的。所以当你让对方做出开放性的动作以后，他才能更容易接受你的意见。否则，紧握的双手就会和交叉的双臂一样，将你的所有观点和想法全拒之门外。

第十二章

一发二妆三服装，
微动作透视人心

突然改变发型的人往往刚经历过不快

　　发型在个人形象中占据很重要的位置，通常来说，每个人都会有自己比较固定的、适合自己的一款发型，平时只是做局部的改变，一般很少有极大的变化。突然改变发型是需要勇气的，心理方面的因素影响很大。改变发型通常是一种寻求自我改变的方式，人身上没有什么比头发的造型和颜色更容易改变的了，人们常常通过发型的改变来展示情感和态度。

　　突然将长发剪成短发的人通常有大幅改变自己的心情、想法与生活方式等的意味，原因可能有很多种，但总是想要开始一段新的生活，可能因为不满足于自己当前的状态，或者想从不快的情绪中走出来，积极向前进。在一些特殊的时间，比如，新年或新学期开始等特别的情况下，改变发型，除了可修饰仪容，同时也有振奋心情的意味。例如，很多人在失恋之后，为了更快地从失恋的阴影中走出来，把长发变成短发或者做其他一些明显的改变，总之，是想要摆脱过去的不快，以全新的面貌开始新的生活。

　　当然，也有的人无法决定一种满意的发型，总是对自己的形象不满，因而经常改变发型。也有很多人是因为心里感到不踏实、闷闷不乐，或是非常焦躁。还有一种人并非想要改变，而是喜欢不断尝试、不断变化，希望别人对他说"啊，你又换发型了"或是"这次的发型真好看"，希望能常常引起别人的注意。这类人通常乐观积极，而且乐于做出改变。

　　有人说，总是不停换发型的人对自己没有信心，因为总是找不到自己满意的发型。其实，时常更换发型恰恰是自信的表现，这样的人敢于冒险尝试不同的发型，相信自己换成其他的发型也会很好看，而且，即使新发型没有得到朋友的好评，也不会太难过，这样的人通常比较想得开，不会斤斤计较钻牛角尖。

反过来，许多年都保持同一款发型的人，尤其是女性朋友，如果不是因为工作的关系，那么确实有一些与众不同之处。这样的人通常非常谨慎，一旦找到了合适自己的发型就不会轻易做改变，即使想要改变发型也总是担心不好看而一拖再拖，于是就一直保持着原来的发型。

爱化浓妆的女人渴望引人注目

化妆是一种提升自信的方式，人们通常会着重修饰自己不满意的部位，以此提升整体效果，例如，眼睛较小的人会运用眼线笔和睫毛膏来修饰眼部，让自己的眼睛显得更大更有神。还有一些人只对脸上某一处特别精心修饰，化上醒目的妆，而其他地方基本不做修饰，例如，特意凸显眼部，画上很重的眼线和眼影，戴上长长的假睫毛，或者特意凸显嘴部，整张脸上以嘴部的颜色最显眼，化淡妆，却化上颜色鲜艳的口红。

喜欢化浓妆的人表现欲望非常强烈。经常化妆的人通常都很在意别人对自己的看法，总是希望把自己最好的一面呈现给他人，尽量隐藏自己的缺点，提升自己的外在形象，在人前总是保持精致的妆容，因此就不能接受素面朝天地出门了。她们不辞辛苦地将各种化学药剂喷洒在自己的脸上，为的是用一种极端的方式吸引他人的目光，而异性的欣赏往往使她们心甜如蜜。前卫和开放是她们的思想特征，她们对一些大胆和偏激的行为保持赞赏的态度。她们真诚、热忱，一些恶意的指责并不会给她们造成多大的伤害，她们对他人依然会很尊重。

化妆感不平衡的人，一方面是对自己脸上某个部位缺乏自信，一方面是不会考虑整体的平衡感，而只把注意力放在自己关注的那一个点上。与其说是为了给人留下更好的形象而化妆，还不如说是为了自己的需求而化妆。不仅是化妆，这样的人在生活和工作中也显得固执己见，听不进别人的意见，因而常常钻牛角尖。其他的化妆方式背后也有一定的心理原因。

1. 轻描淡写

有的人喜欢淡妆，这样的人大多没有太强的表现欲望，希望最好谁也别发现她们。她们只要求能过得去，简单地涂抹一下，使自己不至于太难看就行。她们大都属于聪明和智慧的类型，不会将时间和精力耗费在梳妆台前。往往有着自己的理想，而且敢打敢拼，所以大多能获得成功。

2. 素面朝天

唐代诗人李白诗云："清水出芙蓉，天然去雕饰。"出自大自然之手的美往往会给人一种耳目一新的感觉。无论是工作还是社交娱乐都很少化妆的女性，一般来说对自己的容貌很有信心，或者不十分在意别人的看法。如果是后者，则属于性格很内向的人，人际交往的圈子很小。当然也有可能是因为她在其他方面的特质足以弥补外貌的不足，性格随和而朋友众多，大家都喜欢和她在一起，而化不化妆已经不重要了，这样的人更愿意相信，别人喜欢她是因为她这个人本身有吸引力，而不是因为脸蛋漂亮，从而和那些花枝招展但缺乏内涵的女性区别开来。

3. 从小就开始化妆

有的人从小就开始化妆。这样的人会将自小养成的那套化妆理论和方法延续到成年，甚至中年和老年。其实这是一种怀旧心理在作祟，美好的过去让她们回味无穷，忘记现实中的烦恼和不如意，但她们依然保持头脑清醒，不会沉迷其中而忘记现实。她们讲究实际，会极力把握住现在的所有。她们热情善良，善解人意，拥有很多可以推心置腹的朋友。

4. 把大量时间都用在化妆上

有的人会把自己绝大部分时间都花费在化妆上，这样的人为了完成自己的目标不惜花费巨大代价，任何事情都追求尽善尽美，属于典型的完美主义者。她们倾尽所有也要使自己的容貌达到令自己满意的程度，最主要的是她们对自己的才智和财力都有十足的把握，而唯一放心不下的就是自己的外貌，为了成为一块无瑕美玉，只好不停地审视自己，用化妆来掩饰不足，结果却适得其反。

5. 主次分明

有的人在化妆的时候则特别着意某一处。这样的人通常对自己有相当清楚的认识，对自己的优点和缺点知道得一清二楚，善于扬长避短。她们对自己充满了信心，坚信付出就会有回报，所以会脚踏实地地为自己的目标而奋斗。她们讲究实际，注重现实，不会沉湎于虚无缥缈的幻想之中。她们遇事镇静沉着，对事情的判断坚决果断，但不能纵观全局的弱点往往使她们收获甚微。

6. 喜欢怪妆

还有的人喜欢化怪妆。眼皮周围或是黑乎乎的，或是蓝幽幽的；嘴唇也是有时黑有时红，有时大嘴巴，有时小嘴巴；脸如猴屁股一样红。喜欢化如此怪妆的人把这种妆当成宣泄感情的一种方式。她们通常具有强烈的反抗心理，主要是自小受到家庭的溺爱，在家中总是说一不二，但现实生活每每与她们的愿望相悖，所以他们用一些非常规的思想和行为与社会分庭抗争，但往往是失败多于成功。

7. 注重眼部修饰

在女性化妆的过程中，眼睛一向是不可忽视的地方。如果女性非常注意眼部的修饰，则说明她们性情浪漫，因为眼睛是五官中最容易显露自己情感的部位。所以，她们对感情都非常投入，有时甚至不顾一切，即使对方不能接受自己也会表明心迹。她们自我意识很强，在感情中也容易一个人幻想，并情绪波动剧烈。

8. 重视唇部的修饰

如果女性重视唇部的保护，并喜欢使用口红等化妆品，则是想凸显自己的性感。因为加强嘴唇的形状，将让人感到充满魅力。在潜意识里，她们具有魅惑男性的意味，所以在恋爱中，她们一般是较为积极的一方，擅长发挥女性柔媚的特质，懂得掌控异性的策略。不过，她们对喜欢和不喜欢的人态度非常鲜明，对前者会运用一切方法吸引过来，对后者则不屑一顾。

9. 注重肌肤的基础护理

能做到每日进行彻底的基础护理，拥有水嫩肌肤的女性，一般给人年轻和纯净的感觉。就像她们会仔细护理肌肤一样，他们对待爱情具有很强的正义感，一旦付出就一心一意，并厌恶所谓的花花公子。这类女性通常专一并具有强烈的独占欲，有时会对男友身边的年轻同性产生极强的妒忌心和厌恶感，给男友造成强烈的束缚感。

爱穿相似款式鞋子的人，不爱冒险

鞋子，并不像人们所想象的那样，单纯地只起到保护脚的作用，这只是鞋子最基本的功能。在观察他人鞋子的时候，人们除了注意其美观大方，还可以通过鞋子对一个人进行性格上的观察。

有的人特别偏好某一类型的鞋子，虽然拥有很多双鞋却都大同小异，始终穿着自己最喜爱的一款。这一双穿坏了，会再去买另外一双差不多的，这样的人思想是相当独立的。他们知道自己喜欢什么，不喜欢什么，他们十分重视自己的感觉，不会过多地在意他人怎样看。他们做事一般比较小心和谨慎，在经过仔细认真的考虑以后，要么不做，要做就会全身心地投入，把它做得更好。他们很重视感情，对自己的亲人、朋友、爱人的感情都是相当忠诚的，不会轻易背叛。具体来说，又有以下几种情况：

1. 喜欢穿细高跟鞋的人

穿细高跟鞋，脚在一定程度上是要受些折磨的，但爱美的女性是不会在意这些的。这样的女性，有很强的表现欲望，她们希望能引起他人和异性的注意。

2. 喜欢穿运动鞋的人

喜欢穿运动鞋说明这是一个对生活持积极乐观态度的人，他们为人较亲切和自然，生活规律性不强，比较随便。

3. 喜欢穿拖鞋的人

喜欢穿拖鞋的人是轻松随意型人的最佳代表，他们只追求自己的感觉和感受，并不会为了别人而轻易地改变自己。他们很会享受生活，绝对不会苛刻地强求自己。

4. 喜欢穿露出脚趾的鞋子的人

喜欢穿露出脚趾的鞋子，这样的人多是外向型的，而且思想意识比较先进和前卫，浑身上下充满了朝气和自由的味道。他们很乐于与人结交，并且能做到拿得起放得下，比较洒脱。

在古罗马时期，人们就用鞋来凸显一个人的身份。出身高贵或者良好教养家庭的人会在成长中被教育道：鞋子是一个人的身份象征之一。正是因为鞋子容易被人们忽略，因此那些重视鞋子的人才是真正重视形象的人，你会发现那些每天把皮鞋擦得很干净的人，在其他方面一定也是一丝不苟、干净整齐的。一般来说，人们观察别人的外貌关注最多的是头部和衣服，很少有人注意鞋子。鞋子跟衣服比起来，是目光不太注意的地方。如果有人不仅衣着讲究，鞋子也很有档次，那么可以说这样的人才是真正重视打扮的人。

以不同的服装示人折射不同的关切点

生活中，有些人喜欢以休闲装示人，有些人喜欢穿西装，不同的选择偏好折射出了人们的不同关切点。

随着工作压力加大、生活节奏变快，休闲对很多人来说似乎成了一种奢侈品。而越来越多的人也重新开始重视休闲，对休闲服装的喜爱便是表现之一。不同的服装带给人们不同的心境和感受，职业装让人进入工作状态，给人以专业和稳重的感觉，但难免显得过于谨慎和拘束。而休闲服带给人的是身体彻底放松和舒适，更能给人带来精神上的自由和愉悦，给人以无拘无束的自由感觉。喜欢穿休闲装的人，多半是向往自由和舒适的人，个性也比较随和。

这类人喜欢悠闲自在的生活方式，追求自然和简单，因此在为人处世上也比较单纯，没有什么心机，对人对己都没有过多的要求。他们为人十分亲切、随和，做事脚踏实地，也是容易配合、妥协的人。没有明确的自我主张，善于自我掩饰。因为不爱与人争，所以通常人缘也很好。几乎不会花言巧语地去欺骗和耍弄他人。而且凡事都倾向于往好的方面想。

在工作上，他们不喜欢被各种规则束缚，通常也比较有自己的想法和创意。他们追求简单的人际关系，一般比较内向，埋头于自己的工作或者兴趣爱好，而懒于和人接触，除非是关系很好的朋友。

西装是人们在工作场合以及一些社交场合的正式着装，一套合身的西装能够让人看起来更成熟、更专业。因此，很多人即使在不必要穿西装的情况下也总是穿着西装，尤其是一些男性，常常都是西装革履。他们认为西装比较有品位，能够体现自己的身份和地位，也能够展现男性的阳刚之气。

总的来说，爱穿西装的人，都希望给别人留下成熟、专业的印象。

穿西装是很有讲究的，西装的款式、颜色与衬衫、领带、皮鞋的搭配，一样都不能忽视，否则就会影响到整体效果。因此爱穿西装的人通常十分重视自己的外在形象，而且大多做事讲究原则和秩序，倾向于遵守传统的观念和规则，另一方面可能稍微缺乏情趣，生活中少了一点冒险和惊喜的成分。

西装以单色、无花纹的居多，但也有例外，例如，格子花纹和浅色西装。

格子花纹西装在人群中很引人注目，爱穿格子花纹西装的人，喜欢与众不同。他们很有自己的主张和立场，不轻易听信别人的意见，有时显得特立独行，也有一点矛盾的心理。一方面他们和很多人一样穿西装，不希望自己太特别，另一方面又选择样式特别的格子花纹西装，因为不想和别人太一样。

而爱穿浅色西装的人，全身的搭配以白色或浅色系为主，外表看起来比较平静、不苟言笑，而实际上属于冷面笑匠。他们选择浅色的西装，一方面引人注目，另一方面是希望别人把注意力放在他的脸上而不是身体其他部位。这类人对于事物通常有诙谐的见解，谈话机智而幽默。

同样是西装，不同的样式所隐含的信息也是不同的，从一个人喜爱的西装样式可以观察他的个性。一项关于西装样式的心理学实验表明，喜欢穿单排扣西装的人比喜欢穿双排扣西装的人更容易相处。穿单排扣西装的人较为随和、亲切自然，如果有陌生人和他打招呼，他会乐意与之交流。而喜欢穿双排扣西装的人，可能立即对其心生戒备，谈话也非常严肃谨慎。

此外，西装外套的合身程度也能够反映一个人的心理状态。服装是人们塑造形象的重要方式，西装也不例外。有的人在选择西装时，总是会选择比自己的尺码大一号的衣服，这并不是对自己的身材把握不好，而是另有原因。这类人通常刚刚离开校园踏入社会，略显得不自信，因此希望通过宽大的西装让自己看起来更高大、更有力量，也就是借助服装来提升自己的自信度。和这类人相处，最好多给予肯定和表扬，以寻求帮助的姿态打交道，这样更容易赢得他们的信任和好感。相反，选择稍小的西装外套的人，通常很有自信，喜欢控制别人，凡事按照自己的想法行事，在工作上会积极表现，行动力较强。和这类人相处不能硬碰硬，多称赞他的魄力和主见更容易获得好感。而那些总是穿着十分合身的西装外套的人，十分注重自己留给别人的印象，保守稳重、有教养，但是不愿意和别人太亲近。和这类人相处要采取温和的、循序渐进的方式，重视礼貌和规范，才能赢得他们的信任。

珍惜鞋子的男人心理往往很保守

在英国女性中流传着一种新的择偶方法，可以让她们在一分钟之内确定眼前的这个男人是不是自己梦中的白马王子。听起来很神奇，其实这是通过看男人脚上穿的鞋子来确定的。或许我们不相信，鞋子可以向人透露出很多信息，包括性格、经济状况、社会地位、职业及年龄。所以，从鞋的选择上，可以反映出一个人的个性及心情。

比如，节俭穿鞋的男人很保守。当买完一双鞋子之后，他就非常珍惜它，希望鞋子能穿久一点，从而节省一笔置装预算。而他鞋柜中的鞋子，穿的时间都很长。这样的人是属于拘谨、放不开的保守型男人。在为人处世上，不够圆滑，常常会得罪人而不自知；在人际关系上，周旋的格局较小；在专业领域中，他会因默默努力而有成功机会。因此，这样的人，是比较理想的结婚对象。而且，他的保守和严谨，使他有许多真心的朋友。不过，这样的人，内心也是热情的。他可能第一次约会时，心中就对你有着无限的遐想，希望能早日和你变成情人，亲密无间。但他那拘谨、保守的个性，又压抑着内心，不敢向你表白。如果你喜欢上了这样的男性，不妨主动表白，往往会收到意想不到的效果。

有的男人爱穿休闲鞋，这样的人重品位。他们对于鞋子的要求很高，不但要舒适，而且更注重鞋子的款式，还要搭配合适的服装。因此，这种类型的男人是注重生活品位的男人。他们喜欢掌握主动权，主观意识强，对自己的要求很严格，对异性的要求更是挑剔。在生活上，他们也十分追求秩序。和这样的人约会时，你可以感觉到他是个十分体贴的好情人，态度温和有礼，言谈风趣幽默，他也是个十分了解自己喜欢什么样女孩的人。

不过，和这样的人约会时，即使你不合他的理想，他也会很亲切，别以为他对你有好感，他只是有绅士风度而已。

有的男人会重复购买固定式样的鞋子，这样的人很怀旧。他们对于自己习惯的人、事、物，总有一份深深的依恋，就算他的情人无理取闹、任性、孩子气，他们也会以一种包容的心态去待她，直到她渐渐成熟明理。因此，这种类型的男人是很念旧的男人。他的老朋友很多，对朋友十分讲义气，他会为朋友出头且适时伸出援助之手，让老朋友觉得他是个值得信赖的靠山。

有的男人爱穿正统黑皮鞋，这样的人多是大男子主义者。他们习惯穿正统黑皮鞋，并且把鞋子擦得亮亮光光，绝对不能忍受自己穿双脏鞋子或旧鞋子出门。这种类型的男人，若是连休假或约会都习惯穿他那正统的黑皮鞋，你可要有心理准备，他肯定有不折不扣的大男子主义倾向，他有一套属于自己的待人处世原则，很难因为谁而改变。而且，他们对母亲的意见十分看重。

有的男人习惯于随便穿鞋，这样的人不拘小节。他们不在乎自己穿什么鞋子，乱穿一通。有的时候鞋子与衣服一点儿也不搭配，哪怕是鞋子早已破损、式样过时，他也无所谓。甚至不穿袜子、袜子已破损、穿错袜子，他都可以忍受。私生活没什么条理，又喜欢做白日梦，相信总有一天自己可以一步登天，容易过着自欺欺人的生活。他们的感情世界纷乱复杂，常常是忘不了旧爱，又拒绝不了新欢。三角恋、四角恋纠缠在一起，而当一切纷争引爆时，他还会选择逃离。他们还眼高手低，总觉得自己可以把事情做好，而实际上他们毫无能力。

总之，通过观察男性爱穿什么样的鞋子，可以判断出他们的性格是怎样的。

第十三章

察颜观貌，
于细微之处看人识心

爱站别人边上照相的人往往缺少主见

在平时生活中，很多人喜欢照相。在节假日里，和家人或者朋友相偕出游，去一些风景优美，或者是具有历史厚重感的地方，然后拍照留念，的确是一种不错的选择。殊不知，从一个人照相时站的位置，还可以判断出他的性格。

比如，有的人照相时总是喜欢站在别人旁边，这样的人其实是没有主见的，凡事不会自己做主。这样的人总是喜欢依赖别人，总是希望别人帮他做决定，只要到自己做决定的时候就不知所措了，不仅做不出决定，也不想自己决定。他们喜欢和有主见的人在一起，这样无论干什么都会有人帮他们决定，比如，买衣服去哪里、玩要去什么地方等，都可以靠别人决定了。他们也不善于和别人沟通，不喜欢结交新朋友，总是喜欢和自己依靠的人在一起，这样会让他们有安全感，也会使他们开心。

凡事不能自己做主，说明还不够理智；凡事害怕自己做主，说明不够自信。因此，照相喜欢站在别人旁边的人，是没有主见，不够理智，也不自信的。不仅如此，从一个人在团体合照或者独照时的样子，也能判断出一个人的性格。一般情况下，团体合照可以判断出人与人之间的关系是好是坏，或者，是不是像表现出来的那样好或者坏。而独照则能解读这个人自身的状况。而最容易判断的依据是视线与镜头的关系。

直视着相机镜头的人，是很自信的人。这样的人性格外向，乐观随性，喜欢表现自己，希望别人看到自己的优点。他们的精神通常都很饱满，好像不知道疲惫，也会给他人带来动力。他们在拍照时通常会露出灿烂自信的微笑，旁人都能感受到他们拍照时的喜悦心情。

　　而闭着眼睛，或者在拍照时将自己的视线移到镜头以外的地方的人，对自己的外貌或者能力、性格不自信。他们通常比较消极，有点儿胆小，经常会怀疑自己的能力和性格。他们不喜欢热闹的风景，也不太喜欢拍照，当避免不了要拍照时，就会把自己的视线移开。

　　还有的人，会考虑视线与镜头的关系选择站在左边或者右边面对镜头。这样的人，很在意别人的想法或意见，很介意别人怎么看待自己。所以，他们在照相时总是先考虑怎样站看起来效果好一些。

　　总之，从照相时人们站的位置以及他们的视线与镜头的关系，可以推断出这个人的性格。

翻来覆去摆弄空酒杯，内心多虚荣

　　心理学家通过研究发现，观察一个人握酒杯的姿势，往往能知晓他大概的性格和心理特征。不过，男女是要区别观察的。

　　比如，一个女性总喜欢把手中的空酒杯翻来覆去地玩耍，说明她有较强的虚荣心，喜欢表现和炫耀自己。有些时候，她还有点任性，甚至有点飞扬跋扈，总是希望以自己为中心。在参加一些宴会或聚会时，她极有可能会大胆地向自己心仪的男子卖弄风情，以吸引对方注意自己的存在。与人交往时，她往往具有较强的针对性，喜欢去结交那些较有权势的人，不过往往是事与愿违，因为那些有权有势的人又瞧不上她这样的人。所以，她很多时候是形单影只。

　　和翻来覆去玩耍空酒杯的人相似，有的女性喜欢玩弄自己的酒杯。相似的动作，因为频率的不同，却表现了完全不同的性格。喜欢玩弄自己的酒杯，说明她的性格较为活泼、直率、爽朗，具有较强的自信心，是非观念也非常明确。与人交往时，不会斤斤计较，也不会睚眦必报，只要不是原则性问题，即使别人不小心冒犯了她，她也会一笑而过。做事时，她从不会犹豫不决，或者是拖拖拉拉，而是非常利落和干脆。

　　有的女性喜欢把杯子放在手中，一边喝酒，一边滔滔不绝地跟对方说话。这样的女性，性格外向，非常活泼、开朗，善于交际，对生活的态度也非常乐观、积极和向上。她也较为聪慧和机敏，并具有一定的幽默感，有时，她也有较强的表现欲望，常常会故意制造一些意外，给人带来耳目一新的感觉，以吸引他人注意自己。在与人交往时，无论走到哪儿，她总能让自己很快融入集体之中，所以其人际关系较好，朋友也较多。做事时，她信奉"言必信，行必果"，所以很容易取得成功。

有的女性习惯于一只手紧握酒杯，另一只手则无目的地划着杯沿。这样的女性，性格较为稳重，喜欢沉思，有比较独立的个性，不会轻易地向世俗潮流低头，具有一定的叛逆性，但表现方式不是特别恰当和明显。她也较为喜欢结交朋友，对人也比较真诚、热情，所以人缘颇为不错。做事时，她不喜欢张扬，更不喜欢出什么风头，仅会默默无闻地做好自己该做的事。

有的女性喜欢握住高酒杯的脚，同时食指前伸。在她们的性格中，自负的成分占了很多，喜欢妄自尊大，常常不把别人放在眼里。同时，她也较为世故，只对有钱、有势、有地位的人感兴趣，而对那些"寒士"或是比自己差的人，她往往会对其嗤之以鼻，这就使得她的人际关系较为糟糕。做事时，较为缺乏责任心，所以容易出现虎头蛇尾的状况。在遇到挫折、失败的时候，她会知难而退。但她在做各种准备工作时往往会做得较为细致。

同样，观察一个男性端酒杯的姿势，也可以知晓他大概的性格和心理特征。

一般来说，如果一个男性喜欢紧紧握住酒杯，同时用拇指紧按着杯口，这样的男性性格外向、豪爽。那种婆婆妈妈、斤斤计较的人，他们是最瞧不起的。在与人相处时，他们非常热情、友好、直率，因此深得朋友的喜爱。做事时，他们很有魄力，常常是敢说敢做，正因如此，他们有时显得有点莽撞。

有的男性喜欢用双手抓住酒杯，则说明其性格较为内向，逻辑思维严密，喜欢思考问题，冷静是他最大的特点。在与人相处时，他"信奉君子之交淡如水"的原则，所以不会与朋友走得太近，但也不会离朋友太远。可能他的朋友不是很多，但与其交往的往往是挚友，很少有酒肉朋友。做事时，他喜欢三思而后行，凡事都要做好相关的计划，然后才开始行动。

有的男性喜欢把杯子紧握在掌中，同时用拇指扣住杯子的边缘，则表明其性格较为柔顺，为人忠厚，具有较为开阔的胸襟。在与人相处时，外表看来他可能对别人的态度不是很温柔，有一种难以接近的感觉，但如果了解了他的心理之后，你会发现他其实是一个非常有趣的人。做事时，他非常有主见，往往有自己的独到看法和做事方式。让他改变做事方式往往是一件非常困难的事，除非你有百分百充足的理由。

有的男性喜欢用双手捂住杯子，则说明其城府很深，十分善于伪装自己。这类人在和他人打交道时，往往会笑容满面，实际上一点人情味也没有。他们从不肯在别人面前暴露自己半点信息，也从不喜欢将自己的事告诉朋友，所以，他们的朋友，尤其是知心朋友往往是寥寥可数的。

总之，只要平时有区别地观察女性与男性喝酒时的握杯方式，就能初步判断出这是一个怎样的人。

爱往人群里钻的人，内心渴望被关注

有人喜欢清静，看到人多就迷糊；而有人喜欢一头钻进人堆里，哪儿人多他往哪儿挤，跟一大群人凑一块儿，吃零食、喝茶水，或者聊天说笑。这时你若看他，一定是小脸通红，显得特别兴奋。对于人烟罕至、冷清的地方，他会借两条腿跑开，能躲多远躲多远。像这样喜欢一头扎进人堆里的人，往往是那种内心渴望得到别人关注的人。他很孤独，又有点虚荣心，希望自己成为人群中的"明星"人物，希望镁光灯都打到他的身上，希望大家把目光都凝聚在他身上。这样他就能获得一种内心的满足。

喜欢往人群里钻的人，一群人聊天，他的嗓门最洪亮，他总是试图盖过别人的声音，他甚至还会做一些夸张的动作和表情，讲一些夸张的故事。只要能让他在人群中凸显出来，他就会感觉很高兴。自然，他最兴奋的是大家都谈论他，都和他有说有笑。反之，如果大家对他的表现反应冷淡的话，他就会很委屈，脸上的兴奋很可能在瞬间就暗淡下去。

在工作中，总是往人群里钻的人喜欢故意制造出一些小噱头来吸引大家的眼球，即使大家都忙于手头的工作根本无暇顾及，他们希望得到别人的关注，这也体现了他们对集体内心的依赖感。他们身在集体中，总是渴望被关注，希望成为这个集体中最闪亮的人物。吸引大家对他的关注，对他来说，就是最大的奖赏，而如果没有人关注他，那他会感觉孤独无望，即使给他多加薪水，他也不一定能高兴起来。

所以，如果你正和朋友说话，忽然钻进来一个人非要问问你们在说些什么不可，那么这个人很可能是那种内心很渴望被关注的人，如果他没有恶意的话，不妨多听听他说话，以满足他的心理。生活中，还有另外一种人，无论你和朋友在做什么，他都喜欢跟在你们身后，这也是内心渴望被关注的典型，一般来说，他是依赖心理比较重的人。他做事习惯了被领导、被安排，喜欢听令行事。他内心渴望被关注，但又与喜欢往人群里钻的人有所不同。他不是想成为人群里的焦点，他只是想有人可以把他的一切都安排好，因为他懒得去打理自己的生活。如果是跟朋友一起出去逛街，他常常是走在最后面的那个。因为他往往不知道下一站该往哪里走、要买什么东西、中午在什么地方吃饭等的问题，他喜欢听从他人的意见，"一切您说了算"就是他的心理写照。

总在人群后边跟随的人依赖心理很强，他们的内心也十分渴望被关注。如果你看不到他们的存在，他们往往会不知所措，"下一步该怎么办？"他们会倍感焦虑。这或许与他们的成长环境有关，这类人往往是家里的独生子，或是家里年纪最小的一个孩子，他们习惯了依赖父母或哥哥姐姐，习惯了被人照顾，被人指挥。无论长多么大，他们内心总像个孩子一样，渴望着别人关注，渴望着别人照顾。所谓在家靠父母，在外靠朋友，在公司里依赖同事，就是他们的真实写照。生活中，他们的大小麻烦不断，总是依靠别人的帮忙才行。这种人还十分懒，常常会做一些不劳而获的梦，洗衣服煮饭的家务活几乎都不会做，因为从小到大他们几乎没有做过家务。在公司里，除了自己的工作任务，其他人的工作他从不过问，他们的依赖心理和懒散相互作用着，越是犯懒，依赖心理就越强。当有一天身边没人可依靠时，他们甚至会有一种想哭的冲动，觉得毫无办法，他们觉得自己十分孤独和可怜。

综上所述，无论是往人群里钻的人还是在人群后亦步亦趋的人，都是内心感觉孤寂，渴望被关注的一类人。

不停换座位，说明很挑剔

我们经常会和家人、朋友或者同事去餐厅吃饭，这时候，就会涉及找座位的问题。通过观察一个人找座位的方式，可以看出这个人的性格及判断能力。

比如，有的人一进餐厅，就迅速地环顾一周，然后找一个位置坐了下来。但是，没坐多久，觉得这个位置不好，太靠外了，周围都是人，有点嘈杂。于是就换了座位，坐到了里面一个角落的座位上。但是，刚坐一会儿，又觉得这个角落显得太拥挤了，而且闭塞，感觉很压抑。而靠窗的那个位置好像很好，能看到外面的风景，周围又没有多少人。于是，又赶紧坐到了靠窗的位置。就这样，他们从进餐厅起，就一直不停地换座位。只有他们自己一个人还好，有的时候，这种行为会让和他们一起吃饭的人，不堪其苦。其实，这样的人是十分挑剔的。他们无论买什么，都想要最好的。他们对自己的要求也很高，无论做什么，都想达到最好的程度，是完美主义者。可是，世界上本没有什么是十全十美的，所以这样的人不仅自己活得辛苦，也会让身边的人很累。而且，他们一再地换座位，说明他们的想法很不成熟，做决定也很少深思熟虑，而总是有点苗头就去做，觉得不对了再改。这样的人很难使别人信赖。

和不停换座位的人相似，有的人也总会找错座位。但是他们不是因为觉得自己的座位不好而换，而是缺乏判断力。比如，当他带着大家去就座的时候，走到跟前才发现位子不够。这样的人通常是缺乏判断力的。他们常常想帮大家做些事，但是，总是会做出一些错误的判断，或者导致一些失误。不过，他们那种有点傻的诚实的性格，也会非常受大家欢迎。

　　和找错位子的人类似，有一种人也喜欢为大家找位子，但是他们很少像上面那种人一样迷糊。这种人到了餐厅，通常会先环顾一下，然后指着一张饭桌对大家说，就坐那里吧。这样的人，和找错座位的人相反，是非常有判断力的，并且，他们非常自信，也有领导能力。不过有的时候，也会因为有点独断专行而让别人反感。但是，他们有什么想法，会直接表达出来，比较坦率。

　　有的人和主动给别人找座位的人相反，他们喜欢跟在大家后面。当一堆人去吃饭时，他们从不说自己想坐在哪里，也不会带领大家就座，而是跟着大家，当有人指定好位置后，再和大家一起坐过去。这样的人，依赖性很强，没有主见。他们习惯于接受别人的指导和照顾。在做事的时候，他们也很少积极主动去做，而是配合别人，或者被别人指挥着去做。

　　还有一种人，当进入餐厅后，会首先问店员有没有座位。他们不会主动找位子坐下，而是让店员给自己安排一个座位。这样的人，很少考虑别人的想法，做事过于理智，干什么都以最合理的方式进行，有点不近人情。

　　只有你用心观察，就会从生活的点点滴滴中发现人们的性格特点。当你和他人一起进餐时，不妨多观察一下，判断他们都是怎样的人。

买东西犹豫不决，内心也多优柔寡断

有的人不管买什么，看中就买，十分果断。而有的人正好相反，不管买什么，只要到了掏钱的时候，就开始犹豫，不管买什么都要货比三家。这样的人，明摆着不是一个爽快人，性格多优柔寡断。

生活中，有许多这样的人。他们在买东西时，看中了某件商品，却不轻易买走，他们总是愿意相信后面还有更好的或是更便宜的在等着他们，本来很简单的一件事却被他们搞得复杂无比，他们还自有一套理论，这都是他们优柔寡断的性格所致。他们从来不相信一分价钱一分货，总想尽办法用最少的钱，买最多最好的东西，于是不顾因走路太多而酸疼的两腿，非得跑到别处看看一模一样的商品问问价钱不可。如果买到又便宜又好的，他们就会很开心。如果价钱质量跟刚才看过的丝毫不差，他们也不觉得多此一举，仿佛自己比别人聪明似的将之心满意足地买回家去，他们自始至终觉着还是自己有远见，要不然就被骗了。从买东西到决定自己前途命运的大事上，他们优柔寡断的性格无处不在。

因此，当你遇到花钱时犹犹豫豫的人，你就要注意了。这样的人总是优柔寡断，还有点想贪小便宜的心理，不太适合交往。不过，如果你想和他交朋友，也用不着主动，等到和他相处久了，他自然会发现你的优点，到时你再向他抛去友谊的橄榄枝就不会因他优柔寡断的性格而不自在。

和花钱时犹豫不决的人相似，有些人同样是在买东西时不会特别干脆。不过，他们不是因为优柔寡断，而是因为比较节省。尤其是那些有钱而节省的人，他们节省，是因为对家庭有很重的责任感。

一个有钱而节省的人，首先是一位成功人士，作为事业上的佼佼者，对事业的认真负责必定是每个成功人士的秘诀之一。而一个事业有成的成功人士变得越来越有钱时，他还继续保持着节约的习惯，很显然，他是在一如既往地时时刻刻为自己的家庭负责，为其所钟爱的家人挑起重担。他即便有钱也不乱花，他考虑到自己的父母年事已高，该如何让他们有个幸福安康的晚年，给他们买什么样的保险。作为别人的丈夫或妻子，他们一定对爱人负责到底，使和自己过了半辈子的人也可以开开心心。还有他们的孩子，首先得为其存一笔教育费用，如果可能的话，还要发展孩子的兴趣爱好。用钱的地方很多，他们或许有钱，但是强烈的责任感使他们比较节俭。而家庭也是一个有钱而节俭的人时时激励鞭策自己前行的动力。

不管是为事业还是为家庭，有钱而节俭的人，都是努力把自己的角色把握好，时时意识到身上背负的责任的人。而有的人，却是经常抢着埋单，不管自己是不是承担得起，这样的人性格较为豪爽。

在生活中，我们经常会看到，两个人你争我抢着要付账的场面。两个人互不相让，有时甚至到扯破对方衣服的地步，从他们身上我们就会发觉一种不拘小节的豪爽性格。这种经常抢着付账的人，在朋友间肯定有着很好的口碑，是众人争相结交的对象。而且，这样的人性格豪爽，讲义气，做事从不拖拖拉拉，更不可能跟朋友玩虚的。

经常抢着付账的人，绝不贪图蝇头小利，绝不是那种对自己有好处的事情才做、没好处就走得远远的唯利是图者。他们都是重情重义不拘小节的仗义之人，豪情万丈，为朋友上刀山下火海也在所不惜。而且，只要是他们力所能及的事，他们会竭尽全力想方设法一定办到，就像每次结账的时候，自己只要有能力支付，一定替朋友省下一笔，更别提替朋友们排忧解难了。如果实在办不到，就直接向朋友挑明，请他另外想办法，免得耽误办事的最佳时机。他们有着自己的为人处世原则：把朋友们的利益放在第一位，自己宁愿吃亏也不损人利己。

喜欢坐门口位置，性格多急躁

当你去朋友家做客，或是外出与人到餐厅就餐，肯定避免不了选择座位的问题。可能在一些人看来，选择座位是一件非常简单的事，其实从一个人选择座位的位置，可以判断出这个人的性格。

比如，喜欢坐在门口的位置的人，一般来说，性格较为急躁，属于心直口快的那种类型。他们总是想尽快把事情办好，如果事情的发展没有按照自己的计划和速度进行，就会急躁，并心直口快地说出自己的不满和改进的方法。同时，此种人往往具有一副热心肠，喜欢帮助、照顾他人。虽然他们说话好像不经大脑，有时候还会得罪别人，但是他们的内心却是热情和善良的。他们总是乐于帮助那些需要帮助的人，照顾那些弱小的人。对他们来说，很多时候站着可能比端坐在位置上更为舒服，他们会力所能及地做自己职责范围内的事，所以此类人永远也闲不下来。

一个简单地坐在门口的位置，就可以反映出一个人的性格，看似比较神奇，但是，美国心理学家布兰德经过长期研究后证明，一个人如何选择自己的座位，是与其性格紧密相连的。其实，我国古代很多诸侯、将军都非常善于选择自己的座位，比如，他们在参加各种宴会时，往往会选择背向墙壁，且离窗很近的位置。他们为什么要选择这个位置呢，因为此位置面向门口，可以随时监视门口的一举一动，一旦有刺客或是杀手来袭，他们便可以立即采取相关措施，更为重要的是，背向墙壁可以避免有人从后面袭击自己，而选择临窗则方便自己在危急的时候破窗而走。同理，现在很多公司，尤其是一些跨国大公司的 CEO，都喜欢选择高楼大厦的高层或是顶层背向大窗户的位置作为办公地点，其实这也是在潜意识中为了保护公司的商业安全和个人人身安全。这些座位的选择，就反映了这些人小心谨慎的性格特征。

由此，通过一个人喜好的位置，我们就可以大致断定他的个性，具体来说，还有几种位置与性格的关系。

有的人喜欢墙角处的位置。一般来说，越是喜欢选择靠近墙角里面的人，其性格越为谨慎，也特别敏感，其生活态度也相当认真，凡事都小心谨慎，因而有时会变得有点神经质。此外，此种人的权力欲望往往也非常强烈。

有的人喜欢中央的位置。通常情况下，此种类型的人具有较强的自我表现欲望，喜欢别人注视他，或是围绕着他打转。因而，与人交谈时他们总喜欢以自我为中心，有时甚至还喜欢强迫别人听自己说话，与此同时，他对别人的事总是漠不关心。一旦有人向他提意见，或是不小心冒犯了他，往往会遭到其猛烈的抨击。

有的人喜欢面向墙壁的位置。此种类型的人往往具有孤标傲世、特立独行的特点。他们不喜欢与人，尤其是与不熟悉的人发生任何瓜葛。在此类人心目中，与外界环境接触过多，只会给自己增添烦恼，因而他们喜欢埋头于自己的世界中，经常忽视外部世界的存在。

还有的人喜欢背靠墙壁的位置。此种类型的人，往往非常谨慎，同时也非常大胆，因而称他们胆大心细可能更为合适些。在做事时，他们喜欢精益求精；与人交往时，他们会显得热情大方，积极主动，因而很受别人的欢迎。

第十四章

言为心声，
闻言听音辨心理

"我脾气不太好"：自恋的外在表示

生活中，我们常常可以听到身边的人以抱怨的口气评价自己，这个说"我的脾气不太好"，那个说"唉，最近我胖了……""总熬夜，我都长痘痘了"。他们真的是有感而言吗？面对他们的"坦诚"你该做何感想？其实，他们过分地关注自己的性格、外表，恰恰反映出他们不同的心境。

王文在联谊会上认识了一个叫雪的女孩。吃过一次饭，雪就和王文坦白："我的脾气不太好。"王文心想："她总说自己脾气不好，可究竟哪里不好呢？雪一直都是温婉可人的模样啊！"继而又想："能坦言自己脾气不好的人，相信也坏不到哪去。"可是，随着交往的程度加深，王文发现雪的性格真的很差，她总是随时随地叫王文帮她背着一包化妆品，不分场合地补粉、修眉，而且她总觉得自己是独一无二的，她觉得王文就该随叫随到，她说王文遇到了自己是捡到了宝。

从上面这个例子可以看出，王文把雪坦言"脾气不太好"看成了诚实就犯错了，坦诚自己脾气不好的人，往往性格真的很差。这样的人通常意识不到自己性格上的缺点，相反他还会觉得是优点。

性格是好是坏，并不是绝对的，每个人的看法都不尽相同。如果你在和人交往的过程中，遇到一个坦白自己性格不好的人，你需要具体情况具体分析。一般人对不熟悉的人通常不会过多谈论自己的性格，不想被人知其"短"。如果仅是见了一面的人对你暴露自己"性格不太好"，这往往是其自恋的表现。实际上，他要么把"性格不太好"当成了口头禅，要么就是以自我为中心的人，他对自己相当满意，并且十分喜欢"性格不太好"的自己。所以，他表现得十分自恋，总是把注意力过多地集中在自己的身上。

　　生活中，还有一部分人总是关注自己的外表，和他们交谈你会感觉有些喘不过气来，他们总是纠结在"是不是长胖了""脸上是不是起痘痘了"等问题上。究竟他们出于什么心理，要向你坦言自己"长胖了"或"起痘了"呢？

　　假设你有个久违的朋友，他非常胖，你从前没少拿他的胖开玩笑。有一天你们在街上重逢，他一定会抢先说："我是不是又胖了啊？"是的，如果他很率真，以你们的亲密程度，他坦言自己胖了也无妨。这是他先发制人的表现，因为他不了解你的感受，过胖的阴影又使他的心里忐忑不安，他总有一丝担心："好久不见了，你不会又说我胖了吧？干脆我先说出来封你的嘴吧！"其实这样的人，既自我又自卑，他总是觉得别人会把目光注视在自己身上，同时，他又觉得自己身上有不完美的地方。他虽然直言自己长胖了，心里却十分渴望能得到你的否定回答。如果你说："你哪里胖了？明明瘦了嘛！"相信他会笑得连耳朵都红了。

"年轻真好啊"：口服心不服

小悦新进一家单位不久，她年轻有魄力，凡事都想做到最好。对待女上司交代的任务，她更是一丝不苟，加班加点，保证定时完成。每次她和同组的同事提前完成任务，她都会受到女领导的夸奖："年轻真好啊，想法很有创意。继续保持啊！""谢谢领导，我会继续努力！"小悦每次都很谦逊。可是女领导夸奖归夸奖，却连一次奖金都没有给小悦，反倒是同组的做事没有小悦利落的女孩常常拿奖金。小悦觉得自己是新来的，并不十分在意，可是一直到年底，小悦除领导那句"年轻真好啊"之外，什么奖励都没有得到。一直到她离职，她都不明白，女领导明明看到了她的努力，为什么就没有给她更实质的鼓励呢？

例子中"年轻真好啊！我就没有这样的方法！"等类似的话语，在生活中，我们也常常听年长的上司说起。其实，后半句根据情境的不同，可以理解为"我可没有那么好的体力""我可没有那么大的冲劲"，等等。不管怎么说，看似表扬下属的话实际上却有另外的含义。当你听到上司在夸奖你"年轻真好的时候"，他的心里有可能在说"年轻真好啊，不过我和你们年轻人不一样，我更注重实际"。后一句话的真正含义，需要联系具体语境，你才可以真正体会到。

的确，随着年龄的增长，年长的上司对你年轻的体魄和活跃的思维会表露出羡慕和赞赏。不过，他们却保留着长期在工作环境中竞争并取得胜利的自豪感，这会使他们毫不认输，保留着一种"我不会输给年轻人"的心态。虽然他们嘴上可能对你出色的表现表示夸赞，但有可能只是"口服心不服"，他们嘴上说"年轻真好"，心里却并不这样认为。他们也许只是在你面前摆出一副长者的姿态，之所以这样做，无非是想获得你的恭维，他们心底有个声音分明在说："我承认年轻很好，但是我和你不同，我更了解脚踏实地才能把理想变成现实。"如果此时你识破了他的话外音，说一句"其实我觉得还有更好的方法，请您多赐教"。相信你的上司一定会迫不及待地对你教诲了。或者你说"作为年轻人，我太毛手毛脚了，这次成功多亏了您沉稳地领导"，你一定会在他脸上看到他真实的想法。

　　作为年轻人，听到年长的人夸奖自己年轻有为时，如果能透过谈话的语境，揪出他说话的本意，你就一定会了解他内心的真实想法。这样，你就不会因为喜形于色而被扣上"还是太年轻，没有礼貌"的帽子了。

"算了，别再提了"：欲盖弥彰

设想一下，朋友和你闹了矛盾，彼此搞得很僵，被人极力劝和之后，他往往会说什么？他可能会沉默半天，来一句："算啦，不提了，过去的就过去了！"朋友间即使关系再亲密，也可能会有摩擦与冲突。在这种情况下说出的"算了"，往往是说话人并没有仔细反省、检讨事情的经过，而只是简单地说："好吧！上次的事情过去就算了，别再提了。"或口口声声地说"让我们重新来过吧！"其实，这并不是真正想解决彼此冲突的表现，只不过是欲盖弥彰。

另一种提议和好的人，是由于内心充满愧疚感和罪恶感，如果觉得自己理亏，又怎么好意思不向对方低头呢？所以思来想去，就提议道："过去的事就让它过去吧。"当然如果对方已先提出和好的建议，另一方虽然仍难免心存芥蒂，但因为对方的示好往往也会豁然开朗，深觉对方是个气量大的人。于是，彼此的关系得到了缓解。

此外，同事、朋友或是情侣、夫妻之间，也容易产生摩擦，尽管有些时候是些微不足道的小事，但如果长期郁积于心彼此怨恨，也容易产生不良的后果。所以，许多人为了缓解这种暂时的冷淡关系，选择了"既往不咎"。倘若真的是不记恨过去的事了，自然有望言归于好。可是生活中，常把"过去了就算了吧"或"重新开始"这类话挂在嘴边的人，实在是太多了，他们到底是抱着何种心态呢？他们是真的想"既往不咎"吗？既然这种人惯用这些话，可见他们是常常引起争执的。

生存于人际关系复杂的社会，难免会与人发生纠纷。问题是这种人轻率地选择了解决这类问题的方式，他们为了缓和与人的矛盾而轻易说出"过去了就算了"这样的话，其实往往是欲盖弥彰，他们忽略了彼此心中难解开的心结，表面上看起来他们似乎恢复了往日和谐的关系，而且也已不念旧恶，心态平和。但实际上他们的关系通常更加激化了，他们往往不会如此轻易地既往不咎。在以后的生活中，可能一个无心的眼神，一句无心的玩笑，都将使他们之间的战争如火山般爆发。

　　一个人如果真的完全不在乎过去的纷争，他就不会再说"过去了就算了"之类的话，只要他开口说出这种话，就说明这件事在他心中还占有一定的地位，他还在介意着，所以才会刻意说这种话来加以掩饰。根据这点，我们可推断出，这个人所说的话，并非为对方而说，而是在宽慰自己或者是为了给规劝的人一个台阶。换句话说，此人心中仍存有愤懑、厌恶、憎恨，为避免这种冲动扩大，带来不好的影响，所以他才会动辄就说"过去了就算了，还提它做什么？我都忘记了"。其实，这样说的人并没有真正忘记，这种行为，正表现出他极力克制的心理。

　　常说"过去了就算了"的人，常常压抑自己的情绪和内心的情感，虽然他自己也许未曾有这方面的意识，但这种抑制的能量，却会不断地累积，一旦累积到一定程度就会爆发。因此有人说："他和我有过节儿，我也没怎么样，他就发火了。"可见，这种人的积怨不容忽视。即使再良好的人际关系，也难免会因一些微不足道的误会而破裂，但只要设法了解彼此的真意，尊重对方内心的想法，彼此的关系就可以得到缓解，从而化解误会，增进彼此情感。

"给您倒点水"：内心尴尬要解围

我们日常与他人进行交流，有时会因话不投机而造成某些尴尬场面，令气氛紧张。话不投机有多种情况，第一种情况是，某种言谈举止使人为难，顿时气氛充满了异样，这就需要及时转换话题，以缓和气氛。

两个青年去拜访老师，在谈话中说道：

"老师，听说您的夫人是教英语的，我们想请她指教，行吗？"

老师为难地沉默了片刻，说："那是我以前的爱人，我们前不久分手了。"

"哦？对不起，老师……"

"没什么，你喝点水吧。"

"老师，您的书什么时候出版啊？快了吧？……"

这样转换话题，特别是提出对方很愿意谈的话题，就会使谈话很快恢复正常，气氛活跃起来。

话不投机的第二种情况，是有人有意或无意地开玩笑，带有挖苦意味，使听者窘迫，甚至生气。如同学毕业十年聚会，有的人头发脱落许多，快成秃子了，而他的同学则挖苦他是"电灯泡""不毛之地"。在这种情况下，他不可恼羞成怒，伤了和气，但他也不想"忍气吞声"，硬装没事。于是一笑置之，豁然大度地来两句："好啊！这说明我是绝顶聪明。没听说吗？热闹的大街不长草，聪明的脑袋不长毛！"这样答复，话题未转，内容却引申、转折了，既摆脱了窘境，又自我表扬，岂不妙哉？

第三种情况是双方意见对立，谈不拢，但问题还要解决，不能回避。这种话不投机的情况就需要绕路引导。例如，在找对象的问题上，母女有矛盾。女儿不愿也不能和母亲闹僵，只好等待时机再说。这天吃饭时，母亲又唠叨起来："你这孩子，怎么就不听妈的话呢？人家局长的儿子，人长得不错，又有现成的房子，你为什么不和人家谈，偏要……""妈，喝水吗？这饭有点儿干，我去给您倒水……"这里，女儿说"喝水吗"是为了回避话题，意在绕路，摆脱尴尬的谈话气氛。很多时候，谈话者忽然将话锋一转，提出了"您渴吗？喝水吗"的问题，往往是为了避免和你起争执，暂时摆脱"话题谈不拢、意见不统一"的尴尬局面。

　　第四种情况是在社交场合，有的人遇到一些让他左右为难的境况，他想及时给自己解围，于是就转换了话题。联系工作，洽谈生意，也可能话不投机，陷入僵局。只要还有余地，就可提出新的话题，绕弯引导。例如，甲方推销四吨卡车，而乙方不要四吨的，想要两吨的。这时，甲方若硬着头皮争执，只会越谈越僵，不欢而散。于是，甲方销售代表灵机一动说道："您渴了吧，我去给您倒杯水，一会儿我再细致地给您讲解一下四吨车的好处。"在这里，甲方代表及时转移话题，绕弯引导，从季节、路途、载重多少与车辆寿命长短等各种因素来促使乙方考虑只用两吨卡车的弊病，于是自然"柳暗花明又一村"，开辟了新的路径。

"本来是想"：自尊心很强

　　你听到门铃响，打开家里的大门，发现朋友两手空空地站在门外。他红着脸说："本来是想买点水果的，可是超市的水果都卖完了。"听到这儿，你会安慰道："都是朋友，别那么见外。"说这话时你一定憋着笑，心想，这人真有意思，三天两头来，还这么好面子。其实，你的想法很正确，经常以"本来是想"为借口的人往往有很强的自尊心。

　　在公司里，我们也常常听到类似的话，例如，领导说："已经晚了两天了，再不交可要扣工资了。"这时，你听到同事小声地说："对不起啊，领导。我本来是想今天交的。"说这话的人虽然承认了自己的过错，但是却没有承担责任的意思，这也和前文提到的"内罚型"有着明显的区别。习惯以"本来想怎么样"为借口的人多半自尊心很强，当领导批评进度慢的时候，他虽然心里知道错了，但他不会坦白"自己没做好"，他心里觉得"只是慢了一点而已，我不是没能力"。

　　如果领导在看完他写的报告后指出："这里，还有这里都需要修改，按照公司的新条例修改后再拿给我。"面对领导的指正，他即使心里认可，嘴上还会小声地嘟囔着："我本来是想那么写的。"可见，这类人不喜欢别人对自己的工作多加评论，他也不会认真听取别人甚至领导的意见，有时候被逼紧了，他在心里还把责任归咎于别人。他有很强的自尊心，即使明知道是自己能力的问题，也会先找客观理由为自己开脱。但是在面对领导的时候，这种人还是没有足够的勇气反驳，他会小声嘀咕，会在心里说："本来我是想那么做的，还不是因为王姐说那么做不可以。"

　　每个人都是在被他人指正和反省的循环中成长的。常以"本来是想"

为借口的人往往自尊心很强，他们在面对批评建议的时候，习惯选择逃避。这样的人内心不够强大，总觉得别人是在苛求他们。如果领导对他们一下子提出很多批评和改正建议，他们一般在心理上很难接受。如果领导逐步地提出改进的要求，情况会有所改观。由于他们自尊心比较强，在接受了第一个要求后，面对第二个要求，他们一般不太好意思拒绝。

与此类似的还有一种人，他们常常以"平常什么样"为借口，如果领导批评下属晚交了工作报表，这类人通常会说："晚交两天很正常，平常得晚半个月呢！"生活中，这样的人也随处可见，如有的酒鬼被人批评过度饮酒不好，他会说："我喝这些很正常，平常比这喝得还多呢！"这种人完全以自我为中心，他们习惯以"常识和惯例"作为借口为自己开脱。他们通常很自大，总是标榜符合自己利益的常识，并以此麻痹别人。

"对啊"：通常是圆滑

"对啊"这个词语是用来肯定对方说的话，表示毋庸置疑。交谈的过程中，没有人喜欢别人违背自己说话的意思，而这些喜欢说"对啊""就是你说的这样"的人，通常别人对他们都有好印象。他们和你说话，嘴上像是抹了蜜，表面上是一团和气，有着好人缘，但其实这并不一定就是他们的心里话。有时候他们是用"对啊"来迎合、讨好你，背地里却常常是为了自己的利益而谋福利，为人处世比较世故圆滑。

"哦，对啊，就像您说的那样。""对啊，确实是这样呢，我也深有同感……"类似这些用来赞同或认同对方的话，会让你听起来感觉格外舒服，非常高兴地认为原来你们有着相同的看法。其实，讲这种话的人往往并不是发自内心地认为你的话都是正确的。他们之所以常常将"对啊"这句话挂在嘴边，是因为这样可以拉近你和他们的关系，从而使他们的人际关系更加和谐。他们一心为自己着想，十分斤斤计较，希望可以得到更多的实惠。

在说话中善于迎合的人，对他人有很好的观察力，往往能够体会到他人的情绪和想法，然后投其所好。这类人随机应变的能力很强，性格弹性比较大，往往不属于那种自我意识特别强烈的类型，他们通常比较善解人意，不会勉强别人跟随自己的想法走，不会强人所难，是绝大多数人口中的"好先生"，在为人处世方面多能如鱼得水、圆滑世故，在处理各种事务时都显得老练得当。自然，他们也相当精明，想让他们吃亏上当可不容易。虽然表面上看来他们很好相处，但实际上他们有自己的主张，如果想让他们向你妥协，那你可要费力气了。工作生活中，他们一般可以营造和谐的气氛，自己也可以成为大家欢迎的人，而且他们心中往往有一张关系网，广大而实用，这也被他们奉若至宝。

如果在工作中，你碰到这种类型的主管，那你就先别忙着高兴了。他们对你的意见大多会回答："对啊，你讲得很有道理，不过……"听听他们"不过"之后的东西吧，那才是决策性的想法，他们一般不会强制要求你按照他们的意思去做，但是如果你够聪明，还是自觉屈服吧！因为他们一旦决定了，无论你再提出什么样的意见和建议，也都是徒劳。寸步不让的做法只会让他一反常态，与往日判若两人。

"对啊"一方面在给予对方肯定，另一方面却又以左右逢源的态度来敷衍对方。其实，他们对你提出的意见往往不屑一顾，甚至连反对都懒得开口说。这种人是算计他人、世故圆滑、不得不提防的危险人物。

第十五章

观姿阅行，
捕捉小动作玩转社交圈

面带微笑的人，是想拉近和你的距离

波拿多·奥巴斯多丽在其《如何消除内心的恐惧》一书中，说过这样一句话："你向对方微笑，对方通常也会对你报以微笑，即使你们双方的微笑都是假的，因为任何微笑都是可以传播的。"事实也是如此，如果你遇到一个面带微笑的陌生人，相信比起那些嘴角朝下、紧锁双眉的人，你一定更愿意与面带微笑的人接触。他能对着你微笑，也表明他想和你拉近距离。所以有人说，微笑是能"传染"的。

那么微笑真的能传播吗？是什么原因导致微笑能在人与人之间传播的呢？这主要是由人不自觉的模仿意识所致。因为在人的大脑中，有一种特殊的"模仿神经"，它会自动引导脑部中负责辨认他人面部表情的部分，从而使人立即产生模仿他人各种表情的反应。这就是说，无论我们是否意识到，大脑的"模仿神经"都会引导我们不由自主地去模仿我们所看到的他人的各种面部表情。

瑞典心理学家尤里夫的实验也证明了这一点。试验中，尤里夫使用了一种可以从人体肌肉中获得电流信号的仪器对 100 名志愿者进行测量，测验他们在观看不同图片时的反应。在这些图片中，有些是人愤怒时的表情，有些是人生气时的表情，有些是人哭泣时的表情，也有些是人高兴时的表情，还有些是人微笑时的表情。在观看这些丰富多彩的表情之前，尤里夫向志愿者提出了这样一个要求，在第一次逐一观看这些图片的时候，每个人必须相应做出愤怒、生气、哭泣、微笑等表情，在进行第二次观看的时候，每个人必须做出与图片中截然相反的表情，比如，如果看到的是微笑的表情，你就必须做出哭泣的表情，如果你看到的是愤怒的表情，你就必须做出高兴的表情。随后，尤里夫便要求志愿者按照他的要求开始观看图片。

结果表明，志愿者都能轻松自如地做出与图片上一样的表情，但是当他们在做出与图片中截然相反的表情时，很多人都遇到了麻烦，比如，图片上的人做出的是哭的表情，他们要做出笑的表情则非常困难。虽然他们都力图控制自己的面部反应，使之表现出与图片上截然相反的表情，但是，很多人都不由自主地模仿自己所看到的表情，尤其看见图片上他人脸上露出微笑的表情时，几乎每个人都不能做出哭的表情。相反，他们都不由自主地做出了和图片上一样的表情——笑。

由此，我们也可以理解那些有丰富谈判经验的专家在"剑拔弩张"的谈判桌上，为什么总会在谈判前对对手笑口常开，因为他们都知道微笑能相互传播。如果他对对手微笑，对手也会相应地对他报以微笑，如此一来，双方便能给彼此一个好的印象，距离自然也拉近了，弥漫在彼此间的紧张气氛也会随之大大降低，这就有利于双方谈判的成功。

冷漠的斜视意味深长

每个人都需要空间，而当属于你的私人空间被他人介入，或者不可避免地受到他人侵犯时，你的身体会自然而然地进入防御状态。

约翰夫妇是农场的挤奶工，他们有一个八岁的儿子吉恩。一家三口虽过得不富裕，但也其乐融融。然而这种简单幸福的生活随着小儿子的出生永远地消失了。

像往常一样，这一天的清晨五点约翰来到吉恩的房间看望吉恩和出生不久的小儿子，然而约翰看到的却是终生难忘的一幕：小儿子满脸伤痕，没了心跳。后经法医鉴定，小儿子属于他杀，窒息而死。

警方经过现场调查、询问后，很快就确定约翰的大儿子吉恩是作案者。

当被问及为什么要杀害自己的弟弟时，吉恩一脸的愤怒："这个房间属于我，他（约翰的小儿子）侵占了我的空间。他每天晚上都哭闹，让我无法看连环画。"

事后，吉恩被送到一家心理治疗机构做心理治疗。但约翰夫妇的心里却永远地留下了伤疤，每次提到自己的小儿子时他们都痛不欲生。据他们回忆说："每次我们抱着小儿子进房间时，吉恩都一言不发，只是死死地盯着弟弟。对此我们也都没有在意，如果当时注意到这一点，也不会发生这样的事情。"

案例中的吉姆在自己的空间受到弟弟侵占时，就流露出了不满和愤怒的肢体语言——死死地盯着。如果当时约翰夫妇注意到这一点，及时地对其进行开导，那么这样的惨案可能就不会发生。

另外，还有一些人，当他们的私人空间被介入侵占时，他们会希望通过无视他人的存在来安抚自己的紧张和不适。比如，在乘坐电梯时，很多人不喜欢跟任何人说话，并且保持身体一动不动，眼睛一直盯着电梯层数的变化。这也是在私人空间受到侵犯时的表现。

生活中，我们也经常会遇到自己的空间、领地等受他人侵犯的情况，那么在这种情况下，我们的身体都会做出哪些反应呢？下面这则例子可让我们更进一步地了解得更多，大家不妨一起来看看。

阿峰一家邀请新认识的朋友大军共进晚餐。餐桌是长方形的，大军礼貌地空出了主人的座位，而选择了侧面的一个位子坐下。这时，阿峰的大儿子小东皱了一下眉头，不情愿地坐在了另一边。大家开始就餐，席间也进行了一些谈话，大军觉得大家都很热情，唯独阿峰的大儿子很冷漠，还时不时地斜视他。

如果大军读懂了小东的表情，他就不难理解为什么小东会对他冷淡了。他所选择的位置刚好是小东常坐的位置，而这个新来的客人什么也没说就占据了它。在小东的眼里，这位置属于自己，而大军无疑是侵略者，所以，小东会通过皱眉、斜视、冷漠等一系列行为表情来表示自己的不满。

可能你会说这是小题大做，但事实上我们每个人都有这样的心思。比如，你最喜欢的公园长凳被别人坐了，你会感到不满意，虽然实际上人人都有权坐那个长凳；你对公司会议室的某个座位特别偏爱，如果它被人占了，你会不高兴；别人改变你所熟悉的环境可能会使你感到恼怒……同样，原本就属于你的物品、领地、房子、车子、女人等，别人觊觎你都会不高兴，就更别提占有了。

那么如果我们遇到大军这样的情况，不知道哪个位置属于对方时，该怎么办呢？

在落座前我们不妨先问问："通常谁坐这儿？我坐哪里比较合适呢？"这样，等于承认了其他人对自己位置的所有权。出于礼貌，他人也许会心甘情愿地把自己的位置让给你。

当然，如果你是一个深谙肢体语言的人，那么你不用事先询问别人，也会避免像大军那样的尴尬。这是因为，人们通常都会用身体语言来流露出自己对某一事物的所有权。

一般来讲，当我们用身体语言表达对某物品的所有权时，通常会斜靠在那里，或者用手、脚等身体部位接触它们，从而告诉旁人：它属于我。

生活中，情人们会以牵手或者挽臂的方式告诉其他异性，自己才是这个人的伴侣。我们买了新的大物件拍照留念时，也会与它亲密接触。比如，买了新车，我们习惯斜靠着它，甚至用脚踩着它的保险杠，这样的姿势就是对旁人宣告所有权了。而在办公室或不怎么严肃的场合里，老板们偶尔会把脚搭在自己的办公桌上，或者身体靠在办公室的门框上。他们口头上不会说"我才是老板"，但他们的行为已经表达了这一含义，甚至让人觉得公司的一切他们都有所有权。

若在未经对方许可的情况下，你使用或移动了对方的物品，就会让人感觉到被侵犯。还有些人习惯将身体靠在他人办公室的门框上，也许做出这个动作的人都自己意识不到其中的特殊含义，但对办公室的所有人来说，会觉得对方野心勃勃，想要取而代之。所以，这些人最好改变站立习惯，尽量直立，同时把双手放在前面，让对方看得到，这样才比较容易赢得好感。

同步行为，模仿拉近心理距离

现在需要你闭上眼睛细想一下在言情片中经常会出现的约会场面：一对甜蜜的恋人坐在茶馆或者咖啡厅里面，悠闲自在地品尝着香茶或咖啡。他们的表情动作会有什么特别之处呢？

他们是不是时不时地出现同一种表情或做同一个动作？一方用手摸摸头发，另一方也用手摸摸头发；一方跷起二郎腿，另一方也跟着跷腿；一方捂着嘴笑起来，另一方也跟着捂着嘴笑；一方举起了杯子，另一方也随之举杯……

想到或者看到这样的画面，你有什么感觉或想法？是不是感觉很温馨、很浪漫，感觉这两个人关系非常亲密、相互爱慕、心意相通？相信很多人都会有这种感觉。这是为什么呢？

其实，这是因为他俩的步调是如此的一致，从心理学的角度来讲，这种感觉是有道理的。

人与人之间这种表情或动作的一致被称为"同步行为"。"同步行为"不仅存在于恋人之间，在我们日常的工作生活中也普遍存在，比如，亲人之间、朋友之间、同事之间、上下级之间。那么，是什么诱发了人们的"同步行为"？

肢体动作是内心交流的一种方式。两人都把对方当作所效仿的对象，应该是相互欣赏或有相同的心理状态。即双方的相互欣赏或看法一致诱发了他们的同步行为。换句话说，"同步行为"意味着双方思维方式和态度的相似或相通。

一般而言，同步行为的一致性与双方关系的和谐度成正比。在双方的会面中，如果两个人关系和谐、相互欣赏，那么他们的同步行为会很多、很细微。反之，同步行为则很少。

想想会议中人们的表情，对某种意见持赞成态度的人和持反对态度的人，是不是往往各自做出相反的动作？赞成的那部分人面带微笑，不断地点头示意；反对的那部分人则紧锁眉头，紧闭嘴唇……

再想想生活中常会遇到的情景：去商场购物或去某展览会参观，你看上了一件物品，另一个人也看上了这件物品，你俩一同走近这件物品，一边看一边发出啧啧的赞叹声，就几秒钟，你们便互生好感，颇有点英雄所见略同的感觉。

两人的志趣相投、相互欣赏产生了"同步行为"，反过来，"同步行为"也可以促进彼此的内心交流，加深彼此的好感与欣赏程度。

在日常生活中，通过人为地制造"同步行为"，可以拉近彼此的心理距离，赢得对方的好感，让双方的交谈在不经意间变得和谐愉快。

作为下属，很多人都纳闷：为什么自己欣赏的领导也欣赏自己，自己不喜欢的领导也不喜欢自己？其实，其中，"同步行为"就在发挥作用。你向领导传递了欣赏，领导感觉到了，对你就有了好感，也试着以欣赏的眼光看你。由此推理，如果想得到领导的认可与欣赏，你首先应该认可、欣赏领导。你不妨这样做：与领导在一起时，当领导无意中做出某个动作时，你也跟着做某个动作；领导做出某种表情，你也以同样的表情回应。作为领导，有时故意与下属同步也很必要。比如，某下属在你面前很紧张，你不妨摆出与其一致的姿势，拉近彼此的心理距离，缓解下属的紧张情绪。

对于有利益往来的双方，"同步行为"的魅力也丝毫不减。在推销或谈判过程中，如果你的请求或劝说得不到回应，不妨故意制造一些"同步行为"，快速攻破对方的心理防线。比如，对方翻阅文件，你也翻阅文件；对方脱下外套，你也脱下外套；对方将视线投向窗外，你也扭头欣赏窗外景色。如此反复几次，自然会引发对方的好感，缓和矛盾，使对方乐于接受你的意见，满足你的请求。不过，在效仿对方的举止时，要注意不露痕迹，否则，会让人误认为你是在故意取笑他或讨好他，反而坏事。

一股脑儿说话的人，值得信赖与交往

我们经常会遇到说话像放连珠炮的人，他们一张口，别人就没有机会说话了。这种人通常表现得很热诚、能说会道。其实，这往往显示了他们思想简单，没有心计。

说话像放连珠炮的人不仅说话速度快，而且音量高。这对说话者自己来说，因为说话的速度过快，肯定没有足够的时间来思考自己的话里的意思，去顾及别人的感受和反应。这样，说话者本身泄露了太多的东西，很容易招致你的误解。此外，说话像放连珠炮的人将两个人的交流变为"个人脱口秀"，说话时完全当你不存在，即使你厌烦他也没有用，他已经沉浸在自己的舞台中不能自拔了。这些都表现出这类人说得多想得少或先说后想的单纯性和直接性。

通常，小孩子发现一件新鲜的事情或玩得兴趣盎然时，也会不假思索、滔滔不绝地对家长或他人将自己的所见所闻全盘说出来，就像放连珠炮。他们完全不顾忌自己的语无伦次，急于表达自己的想法。小孩就是我们身边思想最单纯、没什么心计的人。

我们说话的目的就是通过语言表达让对方领会自己的意思，但说话像放连珠炮的人由于说话速度太快，你和他交谈，会追赶不上他的思维节奏。你会感觉很累。而如果你不能确切地把握自己听到的内容，又会使得你们之间产生不必要的尴尬，甚至是误会。

在工作和生活中，这种人都会因为雷厉风行和快人快语的性格，而容易收获他人的好感。但同时，他们也会因为说话不经过大脑也不顾及别人的感受而得罪人，或因表达不清、言语太多而遭人反感，所谓言多必失，就是这个道理。

因此，我们在与说话像放连珠炮的人交流时，不要因为他们的话语带刺就觉得自己受伤，甚至误解或者记恨对方，也不要因为厌恶这种说话方式而回避他们。要知道，这类人往往是最没有心计的，他们思想单纯，值得交往和信赖。

配合他人的精神状态事半功倍

要想建立与对方的亲善关系，配合对方的精神状态也是很重要的。

要做到这一点，你必须能够注意到那个人的情绪状态和精力值。有的人在午饭之前情绪都会有点儿低落。他们在早上到办公室后和同事打过招呼，就会一直坐在椅子里，浑身散发着"不要打扰我"的气息，直到午饭时间，他们才会真正地睁开眼睛，情绪也才会好转。这并不是表示他们的工作状态不太好，而是说他们需要更长的时间才会展开社交活动。一般人的情绪状态都会处于不断的变化之中，但这类人就像慵懒的猫一样，情绪只会处于一种状态中，而且很少会表现出快节奏的肢体语言。

但是有的人却正好相反，他们常常精力充沛、坚决果断。早上笑容满面地冲进办公室，精神饱满地和其他人打招呼，即使劳累了一天后，还能一路小跑回家。

也许你正精力充沛、兴致勃勃，但是你的工作计划需要有一个昏昏欲睡、性格内向的同事的支持与合作，这时候，你最好稍稍放慢节奏，不能一开始就试着让你们两个人都充满热情。如果你大叫一声，重重地拍一下同事的后背，把他吓得够呛，而且害得他把咖啡都洒了出来，甚至洒到了笔记本电脑上，那么你肯定会在要求与他合作时遭到拒绝。相反，如果你是那种行动迟缓、处处谨小慎微的人，而你恰好又需要与那些精力充沛、行动果断的人合作，那么你就必须想办法点燃自己的激情，否则很可能激怒你的合作者。

有生理学家指出，每90～120分钟，我们的身体会经历一个从精力充沛到精力衰竭的周期。在精力衰竭的时期，我们会开始觉得注意力分散、坐立不安、打瞌睡和感到饥饿。这个时候，我们的身体会需要一段时间来恢复。如果你恰恰在对方进入精力衰竭时期，去与对方说话或者求对方办事，那么你碰壁的可能性会大大提高。

你要记住，有时候你被对方拒绝，并不是因为你的创意不够好，而是因为你的情绪状态和精力值与对方不匹配。所以，如果知道对方在午饭过后更容易接受意见时，就要把会谈约在午饭后，尽量调整自己，配合对方的感受，这样沟通效率也会大大提高。

与对方的呼吸节奏保持同步

建立亲善关系的又一种基本方法，就是跟随他人的呼吸节奏，即和他人以同样的速度和强度进行呼吸，这样做的用意在于让你保持和他人一致的身体节奏。当你改变呼吸节奏时，你的肢体语言和谈话也会自动发生相应的改变，而你也可以轻易改变谈话的声调了。这样你和对方的联系同时也会变得非常微妙。

糟糕的是，要做到和他人保持同样的速度和强度呼吸是十分困难的。如果你突然注意到你想与之建立亲密关系的人是怎样呼吸的，那么一定要想方设法去迎合他们的呼吸。

人们的呼吸方式决定了他们的呼吸能否被注意到，比如，呼吸是重是轻？是用胸部呼吸还是横膈膜呼吸？你可以通过观察他人肩膀的颤动来发现他们的呼吸节奏，或者聆听他们的讲话，观察他们讲话中的停顿，以此来判断他们什么时候在吸气。因为我们吸气的时候通常是不说话的。

你还可以通过拥抱来清楚对方的呼吸方式。你要先观察你和对方呼吸节奏的差异，然后慢慢模仿对方的呼吸节奏大概一分钟左右，再试着调整到与之同步。

在与人的交往中，一开始，你可能更多地把注意力放在观察对方的一般性动作上，比如，对方的点头、握手等，而不是对方的呼吸节奏上。接着，你才会开始模仿对方的呼吸节奏，渐渐地完全跟随对方的呼吸节奏。

通过注意和模仿对方的呼吸，也可以清楚对方的情绪。比如，当你和对方的呼吸同步时，你忽然发现对方的呼吸变得急促了，且胸部起伏，那么即使他的表情看起来镇定自若，你也可以知道他其实正焦虑着。这个发现可以让你尽量配合他，让你们的交往更顺利。